世紀文庫
生活005

溫室中的島嶼

古蒙仁　著

台灣，在崩壞的邊緣

　　二〇〇七年上半年，聯合國「政府間氣候變遷專門委員會」(IPCC)以駭人的數據和科學舉證的方式，連發四道金牌，密集地發布了四次的評估報告，對全球暖化和氣候變遷提出了嚴厲的警告，並提出了預防之道，透過媒體大篇幅的報導，每次都引起世人的震驚和廣泛的討論。

　　約莫同時，美國前副總統高爾所出版的《不願面對的真相》一書和紀錄片，對全球暖化所造成的生態危機提出了確切的證據，並因此獲得該年的諾貝爾和平獎。二者相互激盪，蔚為一股風潮。一時之間，人心惶惶，以為世界末日將至，不僅全球暖化一詞人人朗朗上口，節能減碳的訴求也獲得了舉世的認同，各國政府無不以此議題做為施政的主軸，環保人士也掌握了發言權，或危言聳聽，或積極建言，在在顯示了問題的嚴重。

　　台灣也不能自外於這股世界潮流，氣象忽然成為一門顯學，各種研究報告紛紛出爐，環保人士或團體打鐵趁熱，在各種場合大聲疾呼，與政府的重大開發計畫展開了拉鋸戰，後來又扯上政治和選舉，一場環保與開發的混戰於焉拉長了戰線，在每一場個別的戰

役中輪番上演。而我們所賴以生存的島嶼，則在一次比一次嚴重的天災人禍中，日益損害，已經處在崩壞的邊緣。

台灣崩壞的豈只是生態環境？世道人心同樣危脆羸弱，二者同在風雨飄搖之中。處身全球此一巨大的變局中，渺小如我，也不免受時局環境的困頓所圍。那時我其實兼具兩種身分，一為慈濟道場的清修者，一為慈濟人文志業中心的媒體工作者，在關渡園區晨昏省思惕勵，以證嚴上人開示的《無量義經》做為自我救贖與觀照天地的不二法門。

在清修的道路上，我謹守〈德行品〉中所言「其心禪寂，常在三昧，恬安淡泊，無為無欲」的戒律，以求身心安頓。同樣在該經中，我也驚覺到「微渧先墮，以淹欲塵，開涅槃門，扇解脫風，除世熱惱，致法清涼」廣義的消除暖化的真知灼見。這使我在工作中得到極大的啟發，亟思以此議題撰寫一系列有關氣候變遷的報導文章。

「慈濟」是一個鼓吹、宣揚環保的團體，所屬的媒體對環保的議題一向重視，對這方面的報導更是不遺餘力，我的計畫不僅被採納，而且劍及履及，立刻付諸行動。使我有機會更深入地接觸、探索、了解這方面的資訊，以及台灣本島所面臨的問題。

我採取的步驟先是閱讀，我找到了市面上有關氣候變遷的書籍和期刊，厚厚的一堆堆在書桌上，在很短的時間內讀完了它們。那真是一段單純而快樂的時光，即使是枯燥的議題，有些書讀來還是令人不忍釋手。一部地球的發燒史，說穿了就是百年來人類貪

圖物慾的歷史。如今地球的資源耗盡,大地開始反撲,可說咎由自取。人類還不能從中吸取教訓嗎?可見生態環境的安危,實與世道人心有莫大的關係,而節能減碳云云,根本之計還在恬安淡泊,無為無慾。這些道理其實都不出《無量義經》所闡述的範疇。

其次便是採訪,在此專輯製作撰寫的半年間,我勤跑中央研究院、台大、中大等學術單位,以及台灣電力公司、水利署、水保局及行政院能源局、環保署等政府機構,再加上大大小小的環保團體。訪問了無數的學者專家、政府官員,最後還親赴災區,做現場的觀察採訪。炎炎夏日,映照著我僕僕風塵的身影,每一分心力,每一滴汗水,都是為了驗證這塊土地發生過的災難和所付出的代價,也是本書專輯一「危機年代」所得到的成果。

在「危機年代」中,我特別標舉出台灣的三大生態危機為:水資源不足、洪水加劇及土石流肆虐三項。我相信台灣民眾應有切身之痛,尤其近幾年來,每次颱風來襲所釀成的巨災,幾乎都脫不了這個範圍。我在水利署及水保局的協助之下,走遍了這些傷心之地,訪問了大多數的災民,試圖重建每一場災變發生的實況,為這些災難留下第一手的資料。

　　此外，我也鉅細靡遺地報導了政府部門救災的經過，以及災後復建的努力。我覺得正面的報導，遠比對政府一味地指責和謾罵有意義，因為報導的真義是在為歷史留下紀錄，何況是那許多曾為此付出努力和心血的人們。

　　至於專輯二「河與路」，雖也從自然生態的角度出發，但我卻試圖融入更多的歷史、文化與地理的元素，為台灣這塊土地勾勒出更鮮明的輪廓、注入更充沛的活力。事實上它們就是台灣的血脈，流過或穿過台灣每一寸的土地，而文明的種子也隨著它們的腳步，遍布在台灣的每個角落。

　　河的部分包括大甲溪、濁水溪和曾文溪；路的部分包括北橫和中橫，乃至最先進的高鐵。它們不只在台灣歷史文明的演進中扮演了拓荒者的角色，也在我個人的生命史中居於啟蒙者的地位。

　　我出生在濁水溪下游的嘉南平原，高中在曾文溪畔的古都求學，大學時參加中橫健行隊，也曾在大甲溪上游的梨山打工，去北橫則是到大溪老街尋幽訪勝。這些成長歲月中的點點滴滴，匯集成我在採訪旅途中一連串甜美而溫馨的回憶。雙腳踩在現實的土地上，無盡的旅途卻像時光逆旅，一路往前走，往後看。河與路，既是台灣現實的縮影，也

是我半百人生的回顧，一路行來，只覺峰迴路轉，柳暗花明，人生的路看似漫長，其實也十分短暫。

最後，將本書命名為「溫室中的島嶼」，也有雙層的寓意。溫室既是傳統培育花木的房舍，也是觸發全球暖化的「溫室效應」的同義詞，將台灣置於其中，既有小心呵護之意，也有相煎何太急的現代意味。語諺：「愛之適足以害之。」以此觀之，雙層的寓意更為貼切，也顯示出台灣此際地位的曖昧。

不管是出於愛之或害之，求其全者實乃筆者衷心的期盼。但願明日過後，在全球暖化的效應下，島嶼依然無恙，台灣依然是世人眼中永遠的福爾摩沙！

另，此一專輯完稿之際，我也在今年五月二十日離開「慈濟人文志業中心」，重回我喜愛的藝文界工作。世事難料，命運百般轉折，緣起緣滅，不也在剎那之間？但工作是一時的，何時再續前緣，就看緣分的深淺了。最後仍要引述《無量義經》所言：「靜寂清澄，志玄虛漠，守之不動，億百千劫。」用以自勉，盼在此紛亂的世局，能有這盞明燈永遠相照，溫室中的島嶼億百千劫，仍能屹立太平洋上。

九十七年十一月十六日寫於台北

溫室中的島嶼 ·目 次

上輯

危機年代

大崩壞的前兆

台灣的生態危機

地球暖化，使得南北極的冰山融化。一場全球性的
生態浩劫，正悄悄地展開。

楔子

二〇〇七年五月四日「聯合國跨政府氣候變遷小組」(簡稱IPCC)在泰國曼谷舉行本年度第三次會議,經過一百二十個國家共二千位科學家和政府代表徹夜激辯和馬拉松談判,終於達成共識,

提出第三階段的氣候變遷報告「緩解氣候變遷」。內容著重在阻止暖化的多種可行辦法，以及必須為此付出的經濟代價。

報告明白指出，全球必須立即採取行動，讓氣溫增溫幅度限制在攝氏二度以內，才能避免暖化帶來災難性的氣候變遷，而要達成這個目標必須犧牲百分之零點一二的國內生產毛額(GDP)。

報告提出增加利用風力、太陽能、水力和核能等可再生能源，並減低使用這些能源的費用，以綠建築和照明提高能源使用效率，也提到利用科技「存埋」二氧化碳，從關稅或者其他經濟措施增加使用石化燃料的成本等。

IPCC前兩次的報告著重在氣候變遷的證據、未來惡化程度和將帶來的災難，這次則提出阻止暖化的方法。這份報告預測，依照目前全球暖化速度，本世紀末全球將增溫二到六度，將造成二十億人缺水，以及百分之三十的物種滅絕的慘劇。這是IPCC在本年度的最後一份氣候變遷報告，旨在敦促全球各國趕快採取行動，以免釀成全球人類的浩劫。

IPCC提出的這三份報告絕非危言聳聽，台灣學者近年來所做的各種生態研究報告，同樣令人震驚，兩相對照，更可看出問題的嚴重。

台灣在二十世紀的百年氣候暖化速率約為全球平均值的二倍；全球平均氣溫在二十世紀上升零點六度，台灣則上升達一點一度。二氧化碳排放量成長率為百分之一百一十，高居全球第一；每人每年的排放量高達十一點二五噸，高居全球第四名，已超越歐洲

及日本。

　　台灣創下的這二項世界紀錄，實在毫無光彩可言，值此氣候變遷的議題廣受全球矚目，要求二氧化碳減量的呼聲響徹雲霄之際，勇奪這二個世界第一的頭銜，台灣已被國際社會視為地球惡劣公民的代表，對全體國人來說，這誠然是個難以承受的罪名，更是舉國莫大的恥辱。

　　為了反映國內外危急的情勢，我特別選擇了這項議題，深入探討在氣候變遷的衝擊下台灣生態面臨的危機，讓國人心生警惕，能客觀、誠實地來面對這些真相；希望讀者對此一影響人類未來命運甚鉅的議題，能有完整而清晰的認識，一齊來關心我們賴以生存的地球，在台灣逐步踏入大崩壞的不歸路之前，能力挽狂瀾，安度危機。

台灣暖化的速度

　　台大大氣科學系教授許晃雄在IPCC第二份報告面世後，即提出一份國內所做的研究分析。台灣在二十世紀的百年氣候暖化速率約為全球平均值的二倍，全球平均氣溫在二十世紀上升零點六度，台灣則上升達一點一度。導致日夜溫差變小、全年日照時數縮短，降雨強度增強等異象。

　　許教授進一步分析，台灣在一九七〇年代以後，寒流次數明顯減少。一九八〇年代後期發生高溫的機率增加，低溫發生機率下降；熱浪強度變強，都會區比鄉村明顯，這些都是二十世紀台灣氣

候暖化出現的異象。且不僅在都會區發生，玉山和東吉島等也明顯暖化，因此台灣未來面臨的衝擊，可能比多數國家更為嚴峻。

　　許教授表示，暖化速率遠超過全球不只是台灣的問題，亞洲地區上升幅度幾乎是全球最高。國內學者多認為，這與都市開發過度密集造成熱島效應，對全球暖化產生加乘作用有關。

人口密集的都會區，熙來攘往的人群到處可見，是都市過度開發的結果。　© ShutterStock

此外，中央研究院環境變遷研究中心主任劉紹臣的研究報告也指出，台灣二氧化碳排放量成長率為百分之一百一十，高居全球第一；每人每年的排放量高達十一點二五噸，高居全球第四名，已超越歐洲及日本，成為地球惡劣公民的代表。

為了扭轉台灣日益惡劣的國際形象，免於遭到經濟制裁，他

應邀在立法院做專題報告時，特別呼籲政府必須立刻採取有效的行動，減少溫室氣體排放。

劉紹臣提出的數據還包括：過去百年以來，台灣地區的日照天數減少百分之十五，大城市起霧的現象絕跡。一九七〇年之後，毛毛雨減少，降雨天數減少百分之三十，降雨強度增加百分之三十。

夜間空氣相對溼度也有下降的趨勢，近年來各主要城市幾乎已看不到起霧，非都會區也很明顯。種種跡象都顯示：台灣處於嚴重的熱島效應之下，暖化速度超過全球。

這些數據，在在說明台灣的氣候正處在巨大的變局之中，我們身處的環境，從水資源、空氣、海洋生態等等，都面臨了前所未有的挑戰。台灣已進入大崩壞的前夕，美國加州大學洛杉磯分校賈德・戴蒙(Jared Diamond)二〇〇五年出版的《大崩壞——人類社會的明天》一

書，已預告了台灣未來的命運。

戴蒙歸納出社會敗亡的五大因素為：生態環境的破壞、氣候變化、人口過度成長、與貿易夥伴關係生變以及來自鄰敵的壓力，幾乎涵蓋了台灣目前的處境。我們特別深入探討某些生態上的危機，讓國人誠實地來面對這些真相。

水資源的不足

降雨是台灣最主要的維生命脈，它的豐枯及強度變化直接地影響著島上的生態環境及生活品質。台灣位在歐亞大陸及太平洋的交界處，獨特的地理位置加上季風、颱風及周圍海流的交互影響，使台灣的降雨一直有著複雜的變化型態。

中央研究院地球研究所研究員汪中和，對台灣水資源不足的問題，表達了深切的憂慮。他表示，從一九四〇年代迄今，台灣平均年雨量的長期趨勢雖略有增加，沒有明顯變化。然而若分區來觀察，北區明顯增加；西南區卻是顯著減少，東南部也是減少的態勢。

大致而言，北區所增加的降雨量，恰好是西南區及東南區減少的總和；換言之，台灣南部的降雨帶正逐漸朝向北方遷移，南北區域性的降雨差異也在逐漸擴大之中，據他推測，應是氣候暖化造成北半球水文循環向北推移的結果。

在降雨日數方面，台灣的平均降雨日數則持續遞減，以區域而言，西南區及東南區明顯地減少，北部地區則較緩和。汪中和表示，這對台灣是個警訊，不但影響生態環境，也使得水資源的管

理、運用及調配益增困難。南部民眾近年來飽受缺水之苦，供水不足，水質又差，一般家庭都得買瓶裝水來飲用，既不方便，更不經濟，怪不得怨聲載道，飲用水問題已成了該地區每次選舉時候選人的政見，卻始終難以兌現。

　　對水資源而言，降雨量與降雨日數是觀察的二個重點，而二者的比值則是降雨強度參數，也是衡量水文極端性的重要指標。台灣平均降雨強度自一九四○至二○○六年間持續遞增。以區域而言，降雨強度在北區及東南區都明顯增加，降雨強度不斷升高，表示該區域發生洪澇的頻率變大。證諸近年來每次颱風來襲必淹大水，土石流一

花蓮市的一處加油站兼設「加水站」。由於大部分的市民都買水喝，使得賣水行情看漲。　　《中國時報》資料照片，簡東源攝

瀉千里，居民的身家安全飽受威脅，可說是其來有自。

　　他的研究結果顯示，台灣二○○四年的總降雨量為九百二十五點九億立方公尺，但實際能擷取引用的水源只有一百二十二點五億立方公尺。而該年總用水量約一百七十七點九億立方公尺，不足的部分就靠抽取地下水來挹注。換言之，光是這一年地下水用量就

超支四點六億立方公尺。

台灣自一九八〇年代中期開始，地下水每年的使用量就逐漸增加，且超過自然補注量，尤以一九九〇年代初期最嚴重；超限區域也都集中在地下水使用量最大的中南部農業地區，如雲林、彰化、嘉義等縣。農民到處開挖水井，肆無忌憚的引水灌溉，以為是上天賜給他們的禮物，他們哪裡知道最後的代價，是要全體國人來承擔呢？

地層下陷的隱憂

地下水位是台灣在陸域水資源裡的儲量指標，地下水位不斷下降，表示台灣的地下水儲量已經越來越少。

在諸多超抽地下水所產生的問題裡，最明顯、也最嚴重的便是地層下陷。台灣地層下陷區域除了台北盆地以外，其餘都位在沿海地區，與地下水位大幅降低的區域頗為一致。

到二〇〇四年底，台灣地區地層下陷累積的總面積達二千六百六十七平方公里，約占台灣平原的五分之一，將近有十個台北市大；其中以雲林地區的八百八十平方公里最廣。而下陷最深的是屏東沿海塭豐地區，達三點二公尺。

汪中和指著台灣西南沿岸的地質測量圖說，近二、三十年來，濁水溪沖積扇地下水位的「零水位線」從海岸線不斷向內陸東移，目前低於「零水位線」的面積已達濁水溪沖積扇的六成，尤以烏溪口及北港溪二個方位內移的情況最嚴重，意味著這些陸地已低

於海平面了。

　　地層下陷區因地表低於海平面，在梅雨及颱風時期經常遭受河水氾濫或海水倒灌的災害，不僅部分土地沉浸在水裡影響居民日常生活，土地更因海水浸泡鹽化而失去生產力。據行政院估算，每年造成的社會成本損失約一百億元，因此地層下陷的防治已是刻不容緩的工作。

　　由於地下水位持續降低，雲林地區的地層下陷中心目前已經東移到土庫、元長一帶，恰好位於高速鐵路雲林段的路線附近。汪中和對此狀況感到特別憂心，他預估，若不採取有效措施來遏止地層繼續下陷，四、五年後將會嚴重衝擊高鐵營運的安全。一旦高鐵路基下陷，高架橋倒塌，高鐵列車出軌翻覆，那可真是台灣的一場浩劫了。

　　目前雲林縣政府雖已在高鐵沿線三公里內採取封井的措施，禁止當地農民再抽取地下水，但三公里外的水井卻不在此限。然而地下涵水層是相通的，三公里的限令能發揮多少功效，不免令專家們擔心。

　　由於地下水自然補注率非常緩慢，目前西部沿海地區已經透支到萬年以前的老水，汪中和因此特別呼籲，政府應從嚴限制地下水資源的不當使用。同時設定地下水抽取安全界限，並推動地下水人工補注計畫，才能確實保護珍貴的地下水資源，能永續的為國人妥善運用。

空氣汙染與沙塵暴

　　最近幾年，台灣空氣品質幾次急遽惡化，都與中國沙塵暴南移至台灣附近有關。而東南亞上空有一厚達三公里的「亞洲褐雲」，科學家推測可能是造成東南亞每年五十萬人健康受損，導致某些地區洪澇肆虐，有些地區乾旱炙人，甚而奪走人命的主要原因。這是中央大學大氣科學系教授林能暉對台灣的空氣進行了多年研究後的結論。

霧茫茫的台北天空，看似充滿詩意，其實是空氣汙染的現象。
© iStockphoto

台灣冬季受到蒙古高氣壓影響，盛行東北季風，而氣團行經大陸時，汙染物便隨著東北季風被帶到台灣，沿海排放的硫氧化物只需一天，東北地區也只要三天，就可以到達台灣上空。大陸東北、華北及沿海地區，尤其長江下游的工業汙染物，對台灣都有潛在性的威脅。

　　林教授因此頗為感慨，當台灣產業高喊布局全球化，傳統高汙染工廠外移大陸時，台灣反而成為其所排放的汙染氣體的最大受害者。隨著亞洲經濟持續發展，尤其東亞能源需求量大增，諸如境外汙染物傳送、東南亞霾害、核子擴散事件或生化武器，都有機會透過大氣環流的長程輸送影響到台灣的空氣品質。

　　而這些大氣擴散效應，不是幾週，而是在幾天之內就會到達台灣。在全球化、資訊化、知識化的同時，我們享受到全球連動的便利，也受到全球人為汙染的潛在威脅。林教授因此大聲疾呼，國人應體認到，跨國界的空氣汙染問題已迫在眉睫，我們的思維與心態都必須跟著調整。

　　至於「沙塵暴」這個名詞，近幾年來經常在媒體和氣象預報中出現，也受到民眾熱烈的討論與關注。它是指強風從地面捲起大量沙塵，造成能見度極度惡化的有害性天氣，是乾旱和荒漠區特有的災害性天氣。近十年來由於大陸西北的過度開發，土地沙漠化情形日益嚴重，以及近幾年的氣候變遷，使得沙塵暴發生的頻率和威力不斷增加。

　　沙塵暴以春季發生頻率最高，對台灣的直接影響主要在於人

體呼吸器官。依據環保署過去的研究，通常在沙塵暴過後數日內，醫院呼吸道門診人數都會增加。此外，沙塵暴含有大量的懸浮微粒，這些粒子會直接反射太陽光，並影響雲內物理及化學組成，因而改變全球輻射，並影響降雨強度與降雨量。

海平面上升的衝擊

氣候變遷對海岸地區最大的衝擊，當屬海平面上升所導致的海岸棲地喪失。同時，平均海平面升高，波浪、潮汐、暴潮的物理特性也會改變，海水可從河口直接上溯，增加內陸河流鹽度，或從土壤滲入地下水，使沿海地下水及土壤鹽化。台大海洋研究所教授戴昌鳳表示，台灣西南沿岸地區，已因養殖業者超抽地下水而下陷，若再加上海平面上升，沿岸土壤鹽化，問題將更複雜。

台灣近年各地海平面上升的幅度並不一致，東部海岸因構造碰撞抬升，因此海平面不升反降；西部海岸則緩慢上升或保持穩定，但是西南部海岸地區有地層下陷的問題，加上河川上游的水庫攔截淤沙、河床採砂等，使得台灣的海岸經常受到海平面變化的影響，海洋生態也飽受威脅。

戴昌鳳教授說，台灣地區的沿岸海域，由於水溫及環境條件適合珊瑚生長，而且鄰近全球海洋生物多樣性最高的西太平洋熱帶海域，因此珊瑚礁分布廣泛，遍及南部、北部、東部淺海及各離島海域。

近年來，台灣地區的珊瑚礁遭受各項環境汙染和人為破壞的

衝擊，使得珊瑚礁生態系逐漸衰退，珊瑚覆蓋率降低，相關海洋生物資源遽減。再加上受到全球暖化、水溫升高的影響，曾引起大規模的珊瑚白化。

氣候變遷不但會改變珊瑚物種的豐富度，還可能改變珊瑚群聚的結構，這些改變會牽動生態系的其他生物，例如以珊瑚礁為棲所的魚類和無脊椎動物，會因為珊瑚礁結構的改變而消失。

台灣周邊海水溫度上升，也使宜蘭和屏東枋寮兩海域的冷溫性魚種減少，漸由暖溫性的魚種取代。冬季時隨著大陸沿岸洋流南下的烏魚，以及春夏季時隨著黑潮北上的飛魚，都會受到海流變動的影響；也可能改變沿岸魚類的孕卵或育幼的棲地環境，甚至改變魚類的生理特性，對海洋資源造成重大影響。

在對遠洋漁業的衝擊方面，台灣遠洋漁業產值占全部漁業的一半，其中九成以上來自鮪、魷兩種漁業，而牠們都是世界上最重要的高度洄游或跨界種群。

海洋大學教授呂學榮近年來的研究顯示：氣候變遷是影響鮪類洄游分布的重要因素，也會對魚類數量帶來重大衝擊；其中長鰭鮪和大目鮪的數量，會隨著溫度的提高而逐漸下降；相反的，正鰹和黃鰭鮪的數量則隨之逐漸提高。

至於對水產養殖漁業衝擊方面，海洋大學教授陳瑤湖的研究指出：陸上養殖因係魚塭養殖，受小環境、短期氣候的影響較大，受長期氣候的影響較小；海面養殖恰好相反。雖然淡水養殖沒有鹽度變化的問題，卻仍可能受到酸雨的影響而引起魚塭水質的變化。

台灣海域原本色彩繽紛的珊瑚礁，受到環境汙染與人為破壞後，已逐漸衰退，加上近年來的氣候暖化，已有白化的現象。

© ShutterStock

陸域生態系的調適

陸域生態系同樣受到氣候變遷的衝擊，影響的層面更廣泛，可供探討的項目更是不勝枚舉。以台灣森林中的國寶——檜木林而言，分布在海拔一千至二千六百公尺的山地，是雲霧帶森林中最重要的針葉林，由於極具經濟價值，可說是國人最珍惜的森林資源。

檜木的壽命長、木徑大，具良好的耐蔭性與耐溼性，為其他伴生植物所無法競爭，因此形成十分特殊的森林生態系。若碰上氣溫上升、土壤水分減少與雲量變化等因素時，它獨特的生態區位就會縮減。

台大大氣科學系教授吳明進是氣候預測方面的專家，他所領導的研究小組曾針對氣候變遷對各生態的影響與衝擊進行研究。他們利用森林資源調查的成果，推算出檜木林潛在的分布情形，並推算出未來二氧化碳濃度改變時，可能衝擊到檜木林分布的範圍，結果顯示僅剩下目前區域的一半。

吳教授也對台灣的生態保護區做過研究，這些保護區種類繁多，包括自然保留區、國家公園、野生動物保護區、野生動物重要棲息環境、沿海保護區、國有林自然保護區等。氣候變遷後，冬季溫度上升的比例較夏季為高，對生物而言，意味著冬季的減短或春季提早來臨，對受溫度控制催化而開始生殖的物種是極大的改變，這種現象以高山生態系的生態保護區較為明顯，顯示高海拔地區受氣候變遷的影響較低海拔劇烈。

雲霧繚繞的高山美景，受
氣候變遷的影響遠較低海
拔地區劇烈。　　林茂耀攝

吳教授指出，低海拔的生態保護區，以陽明山、墾丁等國家公園為代表，在氣溫上升（大約二度）的情況下，年雨量並沒有改變，生態系還能維持。而九九峰自然保留區、大武山穗花杉自然保留區，其溫度上升伴隨降雨量減少，森林生態系便有退化的趨勢。南澳闊葉林自然保留區和觀霧寬尾鳳蝶重要的棲身環境，當其溫度上升伴隨降雨量增加，森林生態系有可能變為熱帶雨林或闊葉林。而淡水河紅樹林自然保留區則是變異最少、最有可能維持生態系統不變的少數區塊。

　　吳教授領導的研究小組，曾對棲息在高海拔的七家灣溪的台灣國寶魚櫻花鉤吻鮭的棲地生態環境做過研究，透過資料分類及遺傳規劃法，將環境因子、溫度與魚群數目的關係進行細部探討。發現未來的環境若出現高流量、高溫度，或低流量、高溫度的情況，

淡水河的紅樹林保護區，尚能維持原本的生態系統。

櫻花鉤吻鮭的棲地環境將遭到嚴重破壞，面臨魚群數目變小及棲地縮減等衝擊。

海岸溼地是海水與陸地交會的緩衝地帶，提供許多動植物棲息地，包括十四種台灣特有種的鳥類，以及全球受威脅的鳥種，如黑面琵鷺。這些重要野鳥棲地以西南沿海、北部淡水河口及東部的蘭陽溪為主。行政院為了保護溼地及這些珍貴稀有的野鳥，曾設有七個保護區。但近年來受溫度及海平面上升的雙重影響，許多溼地已被海水淹沒，野鳥的族群與數目也明顯地減少。

以黑面琵鷺為例，牠是全世界瀕臨絕種的鳥類，每年都會來台過冬，主要出現在西部沿岸，尤以台南縣七股鄉的數量最多，約占全世界總數的六成，其棲息地能否保存，便格外引人注目了。

據吳教授研究小組的推估，曾文溪口野生動物重要棲息環境，只占黑面琵鷺活動區域的一半，在未來海平面持續上升的壓力下，現有的保護區內有三分之一的面積將會被海水淹沒。到二〇八五年時，黑面琵鷺活動區域將只剩下五分之一，到時保護區將形同虛設，黑面琵鷺美麗動人的姿影，恐怕就會從台灣的上空消失了。

「假如台灣二氧化碳的排放量不能有效控制，氣溫持續上升，」吳教授難掩心中的失落感，憂心忡忡地表示：「恐怕不用等到二〇八五年，也不只是黑面琵鷺，包括紅檜林木、櫻花鉤吻鮭等台灣的國寶，都會一個個從台灣這塊土地上消失。」

失去了這些恆久的、美麗而動人的身影，台灣剩下來的還有什麼呢？

台灣如何減量、降溫？

過量的交通工具，是空氣汙染的原凶。由圖中停車場裡的汽車數量便不難想像。
© iStockphoto

開春以來，IPCC連續提出的三篇報告，地球暖化及氣候變遷的議題持續發燒，學者的呼籲，專家的警告，都引起媒體大幅報導，政府的能源政策及因應措施也備受各界關注，但聲音微弱，大部分民眾並不太了解。

經濟部能源局是主管國家能源政策的單位，局長葉惠青也承受了不少的壓力。他表示，溫室氣體減量為全球性議題，且我國能源高度依賴進口，所以在規劃溫室氣體管理策略時，應同時兼顧能源供應安全與國際變化趨勢，依據聯合國「氣候變化綱要公約」的精神，承擔共同的責任，本著「成本有效」、「最低成本」的原則，規劃循序漸進的因應策略。

因此，現階段的能源政策以提升能源效率、積極推動能源部門減量與自願性減量等減緩措施為主，希望能逐步建立與國際同步的管理系統，先朝向建立本國的溫室氣體認證制度著手，推動能源產業排放量盤查、申報登錄，以作為後續排放交易之準備，使我國儘快與國際管理趨勢接軌。進一步推動溫室氣體總量管制、排放交易與溫室氣體排放費等減量措施，以達到減量效果。

能源局的能源政策，與主管溫室氣體減量的行政院環保署的

減量策略，基本的架構都是源自IPCC的「減量潛力」的三個主軸，分別從技術面、經濟面及社會體制面著手。環保署據此擴充為「減量四原則」。

該署空氣品質及噪音管制處處長楊之遠表示，我國的溫室氣體減量四原則中，最特別的是法制面，先「確立法治基礎」，完成「溫室氣體減量法」立法及相關能源法規檢討修訂後，再據以「提升減量技術」，推動再生能源、節約能源及提升能源效率技術；「建立市場機制」，依法授權溫室氣體排放交易制度；「提升社會行為」，推動全民二氧化碳減量運動。

楊處長表示，「溫室氣體減量法」是二〇〇五年全國能源會議的共識，目前已送至立法院待審之中。在該法尚未完成立法之前，將優先執行二〇〇五年全國能源會議的結論，以排放總量三億六千一百公噸為目標，並訂定查核點，定期控管，積極推動落實。

葉局長及楊處長都對該法寄以厚望，因為法中對建立排放清冊、排放源盤查、登錄，都有明文規定；對違法或自願減量者，也有賞罰的規定，只要依法執行，對溫室氣體減量一定有具體成效。

儘管二位官員十分樂觀，並不代表產業及一般民眾就能遵行，台灣民眾已過慣了安逸奢華的生活，一下子要大家節能省電，必會有一段痛苦的適應期。多年積弊，病入膏肓，想靠一個法律條文起死回生，恐怕不切實際。但至少這是一個開始，代表的是全民的覺醒，保護環境，人人有責。能否成功，還需有全民的參與投入，付諸具體的行動，才能讓發燒的地球冷卻下來。

經濟發展與環保的抉擇

當全球暖化的問題沸沸揚揚，在國內外爭論不休時，國內四個具有高耗能、高汙染的開發案，仍按原先計畫在進行環境評估。它們是台電彰工電廠、台塑大煉鋼廠、國光石化園區，以及蘇花高速公路。

四月中旬，台電彰工電廠環評未過關，正當環保人士額手稱慶之際，隔日台電即公開表示，台電彰工電廠如無法興建，民國一百零二年時，台灣將會無電可用，示警的意味十足。

台電總工程師兼發言人杜悅元稍後在接受我的採訪時，語氣則緩和多了。她拿出明確的數據說，未來全國電力尖峰負載，將從九十五年的三千零八十五萬千瓦成長為一百零四年的四千九百八十一點七萬千瓦，平均每年成長一百六十四萬千瓦。因考量系統基載電源嚴重不足，乃有興建電廠之議。彰工電廠位於彰濱工業區內，適合興建燃煤電廠，為重要基載電源之一，若無法順利完成，民國一百零二年後系統備用容量率將降至百分之十以下，將對整體供電造成重大影響。

杜悅元表示，台電身為國內最重要的電力供應者，也是二氧化碳最大的排放戶，九十五年二氧化碳的排放量約八千三百萬公噸，光是火力發電即占全國總排放量的三成。面對溫室氣體減量的聲浪日益高漲，台電可說動輒得咎，不得不採行了一連串的措施。

這些措施包括：加強機組汰舊換新以提升發電效率、規劃一

系列再生能源發電及新建高效率火力發電計畫、並持續降低輸變電線路的損失率。期能逐年降低每單位供電量的二氧化碳排放量。預計在未來五年內,興建風力發電機二百二十部,裝置太陽光電一萬千瓦,系統輸變電損失率降低百分之一,及推動擴大使用天然氣發電,並陸續推動林口、深澳、通霄、大林等老電廠更新改建的計畫。

台電的宣示與努力,環保團體並不領情。台灣環境保護聯盟會長、也是台大大氣科學系教授徐光蓉即表示,台灣近年來經濟衰退,產業外移,市場買氣不振,人口不增反減,每年成長一百六十四萬千瓦的電力需求是騙人的。台電選在此時增建火力發電廠,不只會增加二氧化碳的排放量,更是在引導需求,鼓勵大家多用電,與過去環保署在各縣市廣建焚化爐的政策如出一轍,都是錯誤的政策,也是資源的浪費。

國光石化園區與台塑大煉鋼廠的環境評估也都沒過,需送件做第二次評審,台科大化工系教授兼教育部環境保護小組執行祕書劉志成,也是這二個案子的環評委員。他表示,台灣一年所排放

風力發電是最乾淨的能源,台電未來將廣建風力發電機,台灣的天空也會變得更活潑、更有趣。
© ShutterStock

的二氧化碳高達二億七千萬公噸，這二個開發案若通過興建，每年將增加一成，也就是二千七百萬公噸的二氧化碳排放量，換算後剛好是台灣七百萬人一年食衣住行所產生的二氧化碳排放量。他說：「這麼令人怵目驚心的數字，環評委員若未能把關，就對不起全國民眾了。」

蘇花高何去何從？

至於更具爭議性的蘇花高速公路，在停擺多年後，最近在選舉的操弄和政治動員之下死灰復燃，又成了各方爭論不休的焦點。由於涉及敏感的政治，本該理性探討的重大交通建設議題反而被模糊化，正反雙方也失去了理性的思辨和對話的空間。

跳脫糾纏不清的政治和經濟的觀點來看，其實蘇花高速公路興建與否，已不是交通建設的問題，而是國土規劃的問題了。花蓮的好山好水，是台灣僅存的一塊處女地了，假如不能善加保存，恣意開發，如何吸引觀光客？又如何大力發展觀光產業？

台大環工所教授，也是土木工程專家於幼華說，蘇花高速公路絕大部分的路段是隧道，要將中央山脈開腸剖腹，不只工程浩大，會破壞當地的地質、地貌，也會截斷地下水文，使原本充沛的水源乾涸、枯竭。挖出來的大量土方無處傾倒，更會造成景觀及環境的汙染。這些現象絕非憑空想像，而是北宜高速公路開通後從雪山隧道看到的景象。

台灣有一個迷思，不管是政府官員或在地居民，總以為開路

原本天然、純樸的美景，一旦過度開發，便會被破壞殆盡。　黃國鋒攝

是發展經濟、促進地方繁榮的萬靈丹，花蓮人過去長期受到政府的冷漠與忽視，地方毫無建設，難免心生不平，也對蘇花高充滿了期待。但北宜高殷鑑不遠，通車後宜蘭一帶的商家不僅未蒙其利，反而流失了原有的客源。只能眼睜睜地看著大小車輛飛馳而過，拱手把商機送給別人，真是情何以堪。花蓮人難道看不出其中的道理？

　　於幼華教授說，假如把建蘇花高的經費，轉移做花蓮地方的基礎建設和公共設施，對花蓮地區的發展會更有意義，而花蓮人也不至於堅持非建蘇花高不可了。

　　環保署楊之遠處長認為，花東縱谷是全台灣最美麗的地方，那種天然、純樸之美，一旦遭人為開發之後，便會破壞殆盡，再也

無法重現、複製。政府在推動重大的開發之前，有責任告訴民眾，讓他們了解未來要過什麼樣的生活。

他強調，政府應該做的是改善落後縣市地區的運輸系統，滿足民眾行的基本需求，若只知建馬路，而不提供民眾行的權利，是本末倒置的做法。

花蓮地區的環保人士普遍認為，中央山脈是上天賜給花蓮人最好的禮物，它不但保護了花東沿岸的好山好水，也捍衛了西部平原免於颱風的侵襲。為了斯土斯民能長居久安，他們強烈反對興建蘇花高，並將結合學術界、文化界一齊反對到底，為的就是維護台灣這個後花園完整的面貌。

是的，這二、三十年來，台灣因為經濟掛帥，過度開發，居民的所得雖然增加，生活也獲得改善，但也因此付出了慘痛的代價，弄得家園變色，國土凋敝，已逐步走向賈德·戴蒙所警告的「大崩壞」的邊緣。

如今面臨氣候變遷的強烈衝擊，生態環境丕變，更遭遇到前所未有的困境與挑戰。值此巨大的變局，假如國人仍沉迷在開發的迷夢中不知覺醒，下一步就會陷入萬劫不復的境地了。

因此，不只蘇花高何去何從，令人關切；台灣何去何從，更是我們重大的抉擇，需要全體國人凝聚共識，攜手合作，才能共度此一時代的危機，從大崩壞的邊緣走向復建之路。

九十六年六月完稿

輕舟難過萬重山
台灣水資源不足的噩夢

水資源不足是全球性的問題，受氣候變遷的影響，台灣也難逃這種噩夢。 © iStockphoto

石門水庫的興衰

台灣用水最主要的來源就是雨水，每年大約可以獲得二千五百毫米的雨量，換算成水量約為九百多億噸。但扣除蒸發、流到海裡和滲入地下後，實際可供運用的只有一百三十五億噸的水量。可是每年的需求量約為一百九十億噸，由於供需失衡，水資源不足的問題乃一年比一年嚴重。

由於自然的地理因素，再加上人為的河川汙染，使得地表河水的利用率偏低，因此在河川的中上游興建水庫，用來蓄水，增加河水的使用量，是台灣早年處理水資源的主要思維，也是相當重要的水利工程。台灣現有的八十多座水庫總容量雖僅占總需求量的二成四，卻是調節水資源最重要、也是最有效的一個環節。

石門水庫於民國五十三年間完工，是台灣第三大水庫。由於興建的年代已經久遠，加上桃園的經濟快速發展，上游集水區過度開發的結果，導致水庫淤塞。加上優養化的問題也相當嚴重，石門水庫其實已病入膏肓，正快速地走向衰竭的地步。

由於上游濫墾，濫伐，下游水質不良，乃是必然的結果。民國九十三年「艾利」颱風來襲時，石門水庫原水濁度急遽升高，遠超過平鎮、龍潭、石門、大湳等淨水場可處理的能力。是導致三年前桃園地區大停水的元凶。桃園地區上百萬的居民，至今依然生活在缺水的陰影中，談水而色變。因此每逢颱風來襲，他們就像驚弓之鳥，深恐歷史又要重演。

台灣到底怎麼了？明明是一場降雨量破紀錄的暴風雨，怎會變成桃園地區破天荒的缺水災難？居民身處「水深火熱」的煎熬之中，一直沒有人給他們正確的答案。

釜底抽薪的清淤工作

媒體是這場災難的見證者，民眾拿著水桶或容器，在水車之前大排長龍的畫面，幾乎每天都會出現在全國觀眾的眼前。他們那種焦急、憤怒、無奈、疲憊的身影

桃園地區大停水時，為了讓民眾有飲用水可用，自來水公司、消防隊派出水車供水。　　《中國時報》資料照片，楊嘉裕攝

和眼神，和災民其實沒有兩樣，看了讓人寄以無限的同情。在工作人員不眠不休地搶修之下，先在庫區內進行緊急取水工程，再實施供水調度，輪流分區供水，最後再出動水車到各地送水，才協助居民度過了這場缺水的災難。

此次停水風波，政府備受各界抨擊，舉國上下這才發現台灣水資源不足的問題，政府高層也才開始重視。

水利署北區水資源局工務課課長王瑋說，為了穩定下游的供水設施，強化淨水場的功能，水利署計畫在未來二年內投注五十億

的經費，用來增設尖山中繼加壓站、擴建龍潭淨水場，並在石門淨水場增設一座五十萬噸的原水蓄水池，以及推動大漢溪水源南調、桃竹雙向供水等計畫，以確保桃園地區未來的供水無虞。

王課長特別帶我爬到大壩的頂上實地參觀，機房裡的沉水式抽水機正在運轉，每天可抽取九十六萬噸乾淨的原水，由輸送管線運送至水庫下游的淨水場，供桃園地區的居民使用。那管線的直徑比一個成年人的身高還要高，十九條管線併排在一起，就像一尾尾困在水泥地上的巨龍，身軀顯得格外龐大。

王課長跳上一條輸水管，指著像遊龍般盤旋到大壩下的管線說，透過這些新增的取水和供水設施，原水濁度已可控制，以後颱風來襲，照理說桃園地區的居民應該不用擔心缺水的問題了。

但上游集水區的整治和疏浚，才是水庫能否活化、延長壽命

石門水庫上游集水區過度開發，導致水庫淤積，加上優養化的問題，已病入膏肓，正走向衰竭的地步。

的根本之計。王課長又帶我到上游的阿姆坪一帶參觀。這兒的水位明顯地降低了，許多小沙洲浮在水面上，有二、三艘挖泥船正在作業。整個湖區空蕩蕩的，很難相信這兒曾是北部著名的觀光區。

王課長說，為了加速石門水庫的浚渫，水利署已編列了十二億元的預算，分別在上、中、下游同時辦理清淤的工作。並請國軍工兵支援。因此路過北橫的遊客，在義興水壩及羅浮大橋下，都會看到大批的挖土機和大卡車，正在大漢溪河床上忙碌地工作。

整個石門水庫的周遭都動起來了，因為兩次颱風帶來的停水災難，讓桃園地區的居民付出了慘痛的代價，也暴露了台灣水利設施的不足和脆弱，誰也無法容忍這樣的災難再度發生，官方更不該讓這樣的悲劇重演。

亡羊補牢，其猶未晚。石門水庫的問題，其實也是台灣其他水庫共同面臨的問題，嚴重的淤塞和優養化，大幅縮短了它們的壽命，水利署其實是在和時間賽跑，只有加速清淤的腳步，才能延長水庫的壽命。

超抽地下水的問題

早年台灣的農業社會，因自來水管線尚未普及，鑿井取水相當普及，因此農村的飲用水都取自地下，既方便、又乾淨，更省錢。人們或沿用舊習，或方便行事，總之地表水不夠的部分，就藉抽取地下水來補充。多少個世代以來，彼此也都相安無事，為何近年來會成為問題，成為眾矢之的？

石門水庫上游的阿姆坪，曾是民眾從事水上活動的好去處，這種滿水位的畫面，如今已少見了。

　　因為據估算，全台灣地下水每年的使用量約五十八億噸，已大幅超過自然補注量，長期透支下來，已經衍生出地下水位下降、沿海地區地層下陷、海水入侵、地下水質惡化等許多問題；其中又以地層下陷最令人怵目驚心。

　　長期研究水資源的中研院地球研究所研究員汪中和說，台灣地層下陷區域除了台北盆地以外，其餘都是位於沿海地區，與地下水位大幅降低的區域是一致的。如宜蘭頭城、台南土城、高雄彌陀、屏東東港、枋寮等，都已經受到海水入侵的影響。地層下陷的面積以雲林地區最廣，下陷量則以屏東沿海塭豐地區最高，超過三公尺。

　　此外，地下水質的情況也開始亮起紅燈。近年來，由於工商業的發展、生活水準的提升及農牧業的興起，各種農、工、民生廢水的排放大量增加。據估計，台灣每年產生約三十億噸的廢水，除

養殖業超抽地下水，是雲林沿海地區地層下陷的主因。

少數部分經過廢水處理或由放流管排入海洋外，其餘都直接排入河川，這些汙染源部分就進入了地下水，並直接、間接地汙染了地下水的水質。根據環保署該年公布的數據，約有四成的地下水不能飲用，近一成不能做為灌溉用，可見地下水汙染問題的嚴重。

雲林沿海地區地層下陷實況

　　雲林科技大學教育推廣組組長蔡慕凡，家住雲林縣口湖鄉，剛好是地層下陷最嚴重的地區。他說口湖鄉的地勢本來就低窪，只要下雨就淹水，最近淹水的情況更是嚴重。據他推測，應是受到全球暖化，導致海水上升的結果。但最大的原因應和養殖業有關。

　　口湖鄉鄉長吳慕禹說，口湖鄉有三分之一的人口從事養殖業，多年來都靠抽取地下水來養殖。雖然業者並不承認地層下陷與抽取地下水有關，但口湖鄉每年下陷四、五公分，最嚴重的地方有

些房子已陷入地下，大門有一大半沒入土中，卻是不爭的事實。有些連窗戶都被掩埋了，房子裡黑矇矇的，卻還有人居住，因為他們根本沒有能力搬遷。

吳鄉長當然知道事態嚴重，但養殖業是鄉民的命脈，加上從業人口老化，產業根本無法轉型。二年多前呂副總統來巡視水患時，曾提出遷村的主張，不為鄉民接受，事後政府也提不出配套措施，就此不了了之。但問題一年比一年惡化，養殖業者為了生計，地下水照抽，有關單位對地層下陷的問題依然束手無策。

湖山水庫的興建

蔡慕凡組長說，雲林縣每日用水的需求量為二十五萬噸，全部來自地下水，使得地下水的年超抽量高達一億噸，造成大部分地區地層下陷，沉陷中心也由沿海一帶移至內陸地區。某些地區的地下水遭「砷」或「硝酸鹽氮」汙染後，已不適於居民飲用，亟需另尋地表水源來替代。

此外，台灣高鐵所經過的土庫鎮及元長鄉一帶，近年來下陷的速率也不斷增加，如果不能設法遏止或減緩，將會威脅高鐵的行車安全。雲林縣政府已在高鐵沿線採取了封井的措施，能否奏效，尚有待觀察。但封井後不足的水源，也須另覓其他水源做為替代。

水利署經過多年規劃及方案比較後，乃提出在斗六丘陵西麓興建湖山水庫的計畫，在豐水期間由清水溪引入多餘的溪水先行蓄存起來，俾在枯水期間供水。完工後與集集攔河堰聯合運用，每天

約有七十萬噸的水，既可提升民生用水的品質，也可達到減抽地下水，緩和地層下陷的目標，剩餘的水量還可做為區域發展的用水。

水利署中區水資源局工程師林進榮表示，從工程單位的立場來看，此一構想雖佳，但仍遭到環保團體的抗爭，認為水庫興建會破壞當地八色鳥的棲地以及珍稀植物，使得工程延宕甚久，後來雙方同意委由農委會特生中心做生態調查之後，才得以按原定計畫施工。工地現場因太過空曠、分散，目前除了聯外道路和導水隧道入口搭的鷹架外，還看不出水庫的輪廓。

湖山水庫計畫總工務所主任莊益福說，由於時空環境的改變，水庫的興建在台灣已被視為破壞環境的殺手，湖山水庫因此也成了台灣最後一座大型的人工水庫，在興建的過程和日後的營運上，勢必會受到環保人士最嚴格的監督和批評，這也是施工單位不敢掉以輕心的原因。

曾文水庫越域引水計畫

根據氣象局的資料，從一九四○年代迄今，台灣平均年雨量的長期趨勢並沒有明顯的變化。然而若分區來觀察，北部明顯增加，南部則顯著減少。這對台灣是個警訊，不但會影響台灣南北二地的生態環境，也使得水資源的管理、運用及調配更加困難。加上南部地區近年來工商業蓬勃發展，人口日益密集，對於工業及民生用水的需求日益殷切，導致缺水日益嚴重，而美濃水庫宣布停建後，更需開闢新水源以為因應。

水利署經審慎評估各項替代方案後，遂以「曾文水庫越域引水工程」計畫優先推動。因為它不用再興建水庫，對環境的衝擊較輕微，取得原水的成本較低，且台南與高雄二縣較有共識，完工之後足以因應未來南部地區中長程的用水需求。

　　曾文水庫為全台灣庫容量最大的水庫，但平均三年蓄水量才能注滿水庫一次，水庫的利用率甚低。反之，高屏溪擁有豐沛的水源，卻缺乏調蓄的設施，河水的利用率很低，豐水期水量大部分流入大海而無法加以利用，看在四處尋找水源的水利署工作人員眼

曾文水庫是台灣庫容量最大的水庫，但水庫的利用率甚低。

中，實在令他們萬分惋惜。

水利署南區水資源局工務課課長鄒漢貴說，本計畫即利用高屏溪有水量、無水庫；曾文溪有水庫、卻無水量的先天條件與限制，截長補短，在高屏溪上游的荖濃溪設置攔河堰，構築引水隧道，跨越旗山溪和草蘭溪，利用輸水管線，將荖濃溪豐水期的餘水，越域引入曾文水庫蓄存利用。

鄒課長說，由於工程主要為隧道開挖，大部分在地面下進行，連橫跨旗山溪的橋樑都不設橋墩，懸空而過，就是為了避免破壞當地的生態和環境。為了證明所言不虛，他特別帶我到高雄縣三民鄉東引水隧道口的工地參觀。

我們到達時，一具隧道鑽掘機(TBM)正在待命進入隧道施工。由於東隧道引水口必須穿越中央山脈，岩石覆蓋層高達一千三百公尺，是相當艱鉅的工程。鄒課長特別強調該機器是封閉式的，可將挖掘下來的泥水加壓、磨碎後，直接用管線輸送出來，因此對環境的破壞是最輕微的。

破除水庫的迷思

從北部的石門水庫，到中部興建中的湖山水庫，再到南部的曾文水庫，深入了解它們運作的現況後，可以發現台灣水資源所面臨的問題和解決的方案，其實都已涵蓋其中。

石門水庫的老化、淤塞，導致原水濁度升高，無法供下游民生或工業使用；湖山水庫是為了解決地下水過度使用而衍生的地層

下陷問題；曾文水庫越域引水計畫是為了解決曾文水庫「有庫無水」的問題。

可見蓋水庫的思維有其矛盾之處，而湖山水庫會成為台灣最後一座水庫，也反映了晚近環境保育的理念已深入人心，連政府也不敢冒犯。因此破除水庫的迷思後，反而有助於我們對水資源政策的反省和深思。

環保人士反對興建水庫的理由是，興建水庫既浪費錢，也不環保，每座水庫的造價都是天文數字，而它們對生態的衝擊和環境的破壞，遠超乎我們的想像和預測；何況水庫是有生命的，遲早都會面臨淤塞報廢的命運，再怎麼疏浚也無法讓它們重生，因此歐美等先進國家幾乎都已不再興建水庫。

曾文水庫越域引水計畫，可供應未來南部地區用水的需求。

中研院地球研究所研究員汪中和說，台灣水資源的問題其實出在地表水的利用率太低，地表水的使用率如果能提高百分之一，可以勝過蓋好幾座的水庫。集水廊道便是很好的替代方案。優點是沒有淹沒區，也沒有大壩，土地使用面積小；且因汲取的是山區邊緣伏流水，水質水量穩定，可減少下游地下水的開發，加上開發及營運成本甚低，可有效解決地表水不足的問題。

他特別舉林邊溪地下集水堰堤（二峰圳）為例，來與曾文水庫越域引水計畫相較。它是一九二一年由日人鳥居信平所設計。集水區面積並不大，每日卻可供應萬隆農場八萬公噸用水，年供水量可達三千萬立方公尺，是台灣地區以集水廊道成功開發水資源的範例。目前仍由台糖公司南州糖廠使用中。

水資源的管理

台灣水資源既有先天不足的問題，開源上又動輒得咎，處處受限，若能在節流上下功夫，做好水資源的管理，反而是最能著力之處，也最能看出效果。

首先要檢討的便是農業用水。農業用水一向是台灣用水的大宗，占台灣年用水量的七成，台灣自加入WTO後，國內不具競爭力的農產品已減產或停產。政府應該配合國家整體的發展策略，釋出農業用水，增加產業及民生用水的供水穩定度。由於農業用水量龐大，只要能節省出一成用水，就等於省下二座曾文水庫的水量。其次，工業用水中若能增加百分之五的回收率，一年即可省下相當於

一座曾文水庫的水量。

　　水資源的再生與利用，政府其實已推行有年，但民眾了解的並不多。範圍包括雨水、工業廢水、生活廢水及農業灌溉迴歸水。目前台灣雨水的貯留系統已由早年的農塘雨水利用，擴大成為農業、工業與民生等多目標用途；在民生方面，貯存的雨水可用來沖廁、澆灌、補充景觀池或生態池的水源。

　　生活廢水是指生活汙水的再利用，唯國內汙水下水道的普及率並不高，主要集中在台北市。經過處理後，可用在園林灌溉、道路保溼、洗車及噴水池等。至於工業廢水與海水淡化，均屬高級處理技術，但因回收成本遠高於自來水的水價，缺乏經濟誘因，令廠商裹足不前，仍有賴政府政策性的導引。

　　生活用水中，由於水價太低，民眾使用時都不知珍惜，而政府基於政治的考量，長期維持低水價的政策，使得自來水公司年年巨額虧損，不但無法正常營運，連管線太過老舊，也無法汰換。漏水率高達百分之三十五，更是全民的致命傷，也是政府推動節水政策最大的諷刺。

　　中央大學退休教授，也是台灣水環境再生協會理事長歐陽喬暉說，面對水資源不足的問題，首要工作便是省水和節水。自來水公司一定要克服管線輸水過程中流失的問題，因為管理不良而漏失的水量達百分之三十五，實在高得離譜，與先進國家漏水率低於百分之十八的標準相較，還有很多努力和改善的空間。

　　歐陽理事長一再強調，由於水資源已很難再增加，廢水回收

再利用一定要做。此外國人也必須養成惜水的習慣，從政府到民間，大家齊心努力，才可望度過缺水的危機。

建立節水型社會

水利署署長陳伸賢對水價的感受特別深刻，他說台灣的水價已有十多年沒有調整，與世界各國主要城市水價比較，真的非常地低廉，平均單位水價每度約十元。在亞洲新興國家中，除韓國較低外，日本、新加坡、香港等地區均高於我國；連一向被我們視為落後地區的中國大陸，也超過台灣二倍。

另一方面，水費占家庭消費支出僅百分之零點五，與世界衛

台灣再不正視水資源不足的問題，未來小朋友夏天便無法像這樣戲水玩樂了。
《中國時報》資料照片，嚴培曉攝

生組織認定合理值百分之二至四，也相去甚遠。反之，因為水價低廉，國人用起水來一點也不覺得心疼，大至大型的高爾夫球場、遊樂設施、游泳池，小至家裡的庭園、衛浴設備、洗車等，都不知珍惜用水。據統計，國人每日用水量為三百五十公升，已超過二百五十公升的世界標準，種種數據都顯示我國的水價與國民所得不成比例。因此水利署亟思提高水價，以價制量，來達成節約用水的目的。

水利署因此訂下了三年衝刺目標，要求政府機關及學校全面換裝省水器材、輔導大用水戶辦理節水措施，預計在三年內年達成節水量一千七百萬噸的目標。並優先汰換高缺水地區老舊的自來水管線，預計減漏量三點六億噸，相當於一座翡翠水庫的蓄水量。

一個進步的社會，是一個講究節能省水的社會，目前市面上也有許多省水的器材供民眾選購。台灣民眾必須從己身做起，在日常生活中養成惜水的習慣，節約用水，多利用再生水，才有可能在二〇一五年後進入節水型的社會。

水能載舟，也能覆舟，水資源不足的問題，已被環保學者專家視為台灣生態危機之首。台灣在乾旱和水患輪番侵襲之下，如何度過未來氣候更嚴苛的考驗，已是全體國人關注的焦點。除了水利單位必須妥為因應之外，國人更應及早建立共識，重視環保的工作，在日常生活中切實遵行節約用水，如此才可望在水資源不足的情況之下，安度危機。

九十六年十月完稿

洪水世紀

台灣水患及河流的整治

　　近年來由於全球暖化造成氣候異常，水文極端的現象十分明顯，全球各地水患頻傳，不管是先進或落後的國家，都難逃洪水的威脅和蹂躪，受災的範圍與程度也遠比過去劇烈。

　　二○○四年歐洲及中南美洲、二○○五年美國、二○○七年西南亞及歐洲，均出現前所未見的洪水。滾滾洪流一瀉千里，所向披靡，數以千百計的生命和難以數計的財產，都在一夕之間化為烏有，倖存者也都成了無家可歸的難民。整個世界彷如進入《聖經》中的大洪水時代，人類與洪水的抗爭，已可預見將是這個世紀最艱困、也會是最慘痛的一場戰爭。

台灣水患嚴重的程度

　　台灣雖然幅員不大，歷年災情也不若上述國家或地區嚴重，但因地形陡峻、降雨強度集中，且位在太平洋上颱風易形成的地帶，每年侵襲的颱風平均約三點五個，豪大雨數十次，平均年損失高達一百三十億元，居民的生命財產飽受威脅，災情與各國相較不遑多讓。

八十九年的「象神」颱風帶來強風豪雨，五堵火車站淹水嚴重，幾乎被洪水淹沒。

經濟部水利署第十河川局提供

以民國九十三年為例，全年共有九個颱風來襲，光是「七二水災」，淹水面積即達六百五十九平方公里。九十四年的「六一二豪雨」，造成南部地區多處淹水，淹水面積也超過五百平方公里。對易淹水地區的居民來說，水患已成了揮之不去的夢魘，水鄉澤國就是他們生活最具體的寫照，如何能談洪水而不色變？

依據國科會防災國家型科技計畫辦公室所模擬的淹水潛勢區域，加上近幾年經濟部水利署調查颱洪受災淹水範圍所得到的資料顯示，台灣易淹水的低窪地區總面積約一千一百多平方公里（約占台灣平原面積的十分之一），其中有八成集中在宜蘭、台北、台中、雲林、嘉義、台南及高雄沿海地區，大多是區域排水不良、海堤未完成改善，或地層下陷的地區。

水患不但造成住家、農田損失、交通受阻、民眾生活不便與安全威脅，甚而影響到高鐵、捷運及科學園區等國家重大建設的推動。水患問題的嚴重，確實已到了再也不能坐視的地步。

台北縣市水患的元凶

台大土木系教授李天浩認為，台灣水患的問題和氣溫上升有極密切的關係。雖然全球暖化造成氣溫上升，但台灣的熱島效應才是台灣尤其是台北盆地氣溫上升的主因。

他表示，台灣是海島，受太陽輻射的影響，周邊海水的比熱相當高，台北市的水泥鋪面及高樓大廈易產生光線折射和反射的現象，加上居民使用冷氣的比例特別高，凡此種種，都易造成台北盆

地的熱島效應。

　　這些熱氣團處在降雨對流系統的下方，會加強對流系統的效應，使得降雨的強度更大，台北盆地也因此成為台灣最易淹水的地區；淡水河及其上游基隆河的河水氾濫，更是台北縣市淹水的元凶。

　　基隆河發源於台北縣平溪鄉菁桐山，為淡水河水系一大支流。幹流長達八十六公里，流域面積將近五百平方公里，河道蜿蜒而平緩，中、下游流經台北盆地，兩岸人口稠密，產業發達。歷年來不斷開發，與水爭地的結果，使得河道日益狹窄緊縮，排水不易，因此每遇颱風或豪雨來襲時常氾濫成災。

　　民國七十六年的「琳恩」，八十七年的「瑞伯」、「芭比絲」，八十九年的「象神」，以及九十年的「納莉」等颱風，在她

九十年的「納莉」颱風再度發威，洪水滾滾，八堵鐵橋差點滅頂，堆滿了垃圾。
經濟部水利署第十河川局提供

們裙裾橫掃之下，基隆河兩岸災情一次比一次嚴重；其中尤以「納莉」颱風最為慘重，淹水範圍幾乎涵蓋整個基隆河流域，淹水深度超過八公尺，連台北捷運系統都無法倖免。總計五個颱風接連來襲，共造成一百九十二人喪生，財產損失逾千億元，基隆河已成了台北盆地的一大威脅，整治工作刻不容緩。

水利署第十河川局工程師林益生表示，基隆河由於係跨越台北市及台灣省的河川，八十九年精省後，省轄河段改由經濟部水利處負責，與台北市的理念與方法並不一致，且河川治理涉及都市雨水下水道、橋樑、都會發展、集水區土地利用管理等。雖各有計畫，但彼此之間並未經協調相容，長久以來因問題相互牽連，無法解決施行，錯失了治水的先機，才會使得水患問題日益嚴重。

員山子分洪工程

在水利署重新規劃之下，九十一年終於完成「基隆河整體治理計畫」。與原計畫最大的差異，是將百年重現期距的洪水防患標準提高為二百年，並將都市雨水下水道、支流野溪排水治理、都會發展、橋樑改建及集水區治理等相關計畫全部整合，成為整體實施之計畫。其中最受矚目，也被各方視為治水祕密武器的，便是員山子分洪計畫。

員山子分洪工程的進水口位於瑞芳鎮瑞柑新村，基隆河由東往西蜿蜒流到這兒，留下了一弧柔美的曲線。在弧線的上方有一道側流堰，下游不遠處有一道攔河堰。側流堰下方還有一座靜水池和

員山子分洪計畫是治理基隆河水患的祕密
武器,九十四年完工後,基隆河兩岸便少
有災情發生了。 經濟部水利署第十河川局提供

分洪堰，以及一條長二點五公里的排洪隧道，通往海濱里的海岸出海。

從外觀看來，基隆河的河水潺潺流過，周遭一片寧靜，與一般攔河堰沒有兩樣。可是一旦基隆河氾濫，滾滾洪流一波波湧來，那種濁浪排空、彷如萬馬奔騰的驚險場景，便會令人驚心動魄了。

林益生站在側流堰上說，分洪是防止水患的重要基礎建設，在員山子闢建分洪道，早在日據時代就曾做過規劃，但因排洪道通過廢礦坑及九份溪河床，地質極為錯綜複雜，工程相當艱鉅，加上用地徵收及漁業權補償等問題始終無法解決，一直延至九十一年才動工興建，並在九十四年十月竣工。

其實在九十三年汛期間，分洪隧道的襯砌工程尚未完工之前，水利署迫於形勢危急，曾在「九一一」豪雨、「納坦」及「南瑪都」颱風來襲時，實施過三次緊急分洪。總共排放了一千二百多萬噸的洪水，有效地降低了中、下游洪水的水位，解除了三次洪水帶來的危機，雖然造成隧道入口受損，但也以事實證明了員山子分洪工程的作用及功能。

九十四年員山子分洪工程完工後，歷經「海棠」、「馬莎」、「泰利」及「龍王」四個颱風帶來的豪大雨的考驗，安全地排放了二千四百多萬噸的洪水，再創排洪的紀錄。乃至今年十月「柯羅莎」帶來的強風豪雨，全台各地紛傳重大災情之際，基隆河兩岸卻是少有的沒有淹水的地區，因為高達一千六百多萬噸的洪水，已經由員山子分洪工程流到太平洋去了。

汐止揮別了淹水噩夢

　　林益生在八十七年間進水利署工作，九年來一直在瑞芳、汐止一帶負責基隆河的整治工程，親身經歷過大大小小的水災。他回憶說，五堵火車站曾淹到二樓的天花板，汐止市公所的大門畫了許多線，留下了歷年來淹水的紀錄，而且一次比一次高。但這二、三年來，已不再傳出淹水的消息。

　　汐止市智慧里里長宋曉之，同時兼任里長聯誼會的會長，他說，過去汐止淹水如同家常便飯，居民都已習慣了。八十九年的「象神」，九十年的「納莉」，是他生平最難忘的二個颱風，整個汐止舉目一片汪洋，汐萬路及大同路一帶淹到二層樓高，江北橋和長安橋全被淹沒。

　　水退之後，地上全是爛泥巴，地下一、二樓的停車場全灌滿了泥漿。他家的地下室也不例外，他用二部四百匹馬力的抽水機連抽了十二天，才把水抽乾淨，接著再抽淤泥。他們里內則動用了九輛小山貓，六十車次的大卡車，日夜不停地忙了十二天，才把淤泥清運乾淨。

　　太陽偏西了，午後下過雨的地面已被晒乾了。我和他坐在江北橋邊的一間土地廟喝茶，聽他談汐止淹水的歷史，一邊看著橋上來來往往的車輛和行人。基隆河緩緩地從橋下流過，堤防邊的建築工地聳立著高高的鷹架，很難想像洪水淹過橋面的情形。

　　我問起房地產的現況，宋里長很得意地說，這二、三年來，

「納莉」颱風造成基隆河暴漲，兩岸城鎮泡在水中，慘不忍睹。　經濟部水利署第十河川局提供

「象神」颱風帶來的洪水淹過江北橋，汐止的高樓大廈成了一座孤島。

經濟部水利署第十河川局提供

由於不再淹水，房地產已翻了兩番，過去一坪六萬元還沒人要，如今每坪已喊到十七、八萬。看那一片欣欣向榮的光景，他的話應該是有依據的，也間接證明員山子分洪工程是成功的。

水淹蘭陽平原

宜蘭是一個純樸的農業縣，境內良田沃野，阡陌縱橫，是台灣東北角的穀倉。二、三十年前盛行水產養殖，尤其在頭城、礁溪、壯圍等濱海的鄉鎮，許多良田紛紛改建為水池，或養鰻或養蝦，經濟價值遠比農產品高，居民的生活一向不虞匱乏。但是水患也一直是他們心中的痛，始終生活在淹水的陰影之中。

宜蘭易淹水的地區有二個，一是梅州排水系統，俗稱十三股大排，主要流經壯圍鄉；一為得子口溪排水系統，流域以礁溪鄉為主。二條大排其實都是流淌在鄉野間的小河，可是一碰上颱風或豪大雨，雨水無法宣洩時，卻很容易氾濫成災，造成沿線村里的居民財產巨大的損失。

壯圍鄉鄉長游潛木說，十三股因河道彎曲，過去雖曾多次整治，但因未留足夠的土地以供排水，整治的效果不佳。七、八年前雨水下得多時，一淹水就淹到人的肚臍處，連灶腳都被淹沒了，家裡想煮一頓飯都沒辦法，積水往往要十多天才會退。家裡的衣服、傢俱、床鋪被水淹過之後，大多也不能用了，所以家家戶戶的損失都很慘重。

新社村村長陳瑞章一提起水患，就有一肚子的火氣。他說十

三股有個竹安抽水站，由縣府水利課管理，卻規定水門的水位要超過一點六公尺才能抽水，即使村子都快被淹沒了，管理員還是堅持不肯抽水，好幾次因此而釀成巨災。村民雖損失不貲，但也無可奈何，因此他們對官員不知變通的作法很不諒解。

游鄉長和陳村長都是新社村人，新社村的地勢本就低窪，新社橋下的十三股河道更是狹窄，河水就是從這兒大舉溢流出來，游鄉長和陳村長的住家首當其衝，常常泡在水中。我到訪那天，「柯羅莎」颱風剛走，烏雲滿天，十三股的河水依舊洶湧，田野上的積水未退，好幾戶住家依然被困在水中無法進出。

水利署第一河川局工程師陳禹助說，十三股大排已列入該局易淹水地區的治理計畫，去年年底已完成河道的疏浚清淤，未來將規劃設立二座抽水站，在淹水時加強抽水，對十三股淹水的情況應會有顯著的改善。

礁溪鄉的得子口溪，對鄉民來說也是個闖禍精，原有的排水系統根本發揮不了作用。鄉公所主任祕書黃泰峰說，民國八十三年以前，礁溪年年淹大水，每遇颱風豪雨，鄉公所都要成立救災中心，工作人員常雇船將包子、便當等熱食，挨家挨戶地送到淹水的村里，洪水阻斷了他回家的路，必須繞道濱海公路才回得了家。

礁溪鄉的二龍、時潮、玉田、玉光四個村都是易淹水的地區，其中又以二龍村最為嚴重。二龍村以前以划龍舟比賽而聞名，如今淹水的惡名更是昭彰。村長林義成很無奈地說，村民大多是老實的養鴨人家，但因靠近得子口溪，每次決堤，大水都會直衝他們

每雨必淹，淹水已成了台灣民眾揮之不去的夢魘。

經濟部水利署提供

的村子。鴨寮倒塌，鴨子不是被壓死，就是被淹死，或躲到屋頂，最後被洪水流走。總之，每次淹大水村民都會血本無歸，甚至傾家蕩產，他們終歲辛勞，區區所得怎堪洪水一再來襲？

縣政府施工所主辦簡博軒，特別帶我到得子口溪上的七結橋實地觀察。該橋位於六期及七期治理工程的交界點，九十年「納莉」颱風來襲，造成得子口溪決堤淹大水，就是在這座橋下。方圓數十里一片汪洋，水深及胸，竹林的一家安養院連夜撤離，災情至為慘重。

簡博軒說，整治得子口溪，首在拓寬河道，已完成的第六期工程，已將原本僅十多公尺寬的河道拓寬至四、五十公尺。第七期工程完成後，洪水通過的頻率可提升至五十年的標準，減少淹水面積五十公頃，洪水溢堤的機率也會隨著大幅減少。

馴服台中大里溪

大里溪流域流經台中市、台中縣豐原、潭子、大里、霧峰、太平、烏日等鄉鎮，是人口稠密、工商業繁華的地區，其中並有高鐵、中彰、中投快速道路經過，屬都會型河川。

因流域內土地高度利用，河水流量大，每遇豪雨即氾濫成災，早年的「八七水災」、「八一水災」，乃至七十八年的「七二七水災」，都曾在中部地區釀成巨災，上好的良田被沖走，繁華的都市處處淹水，河流沿岸的居民一直備受水患的威脅。

楊金山是潭子鄉嘉仁村人，家裡世代務農，在大里溪畔擁有五、六甲的田地。談起早年「八七」、「八一水災」的情形，雖然當時他年紀還小，卻是記憶猶新。他說他們村子的北邊位在大里溪畔，當時連堤防都沒有，洪水都從這兒來襲，水淹了好幾天。水退了之後才有阿兵哥來築堤防，村人也跟著忙碌了一陣子。

他的鄰居楊貴泉接著說，最嚴重的要算是二十年前的「七二七水災」，大水沖進村子，大部分的房舍和田地都被淹沒，積水高到胸部。最悲慘的是田裡的土壤都被洪水沖走了，只剩下硬幫幫的表皮，每戶農家都得花二十多萬元把土壤買回來，才能再耕種。這是過去的水災不曾發生的現象。他因此推論，水患是一年比一年嚴重了。

為了防止再淹水，嘉仁村的村民還發起一項自發性的築堤運動，每戶人家出資十六萬，雇了上百名的挑工挑土來築堤。因是土

法煉鋼，效果並不很好，日後水患再起時還是潰堤了。顯示村民對水患的恐懼，以及對政府治水不信任的態度，對政府的公權力實在是一大諷刺。

水利署第三河川局工程師顏詒星表示，水利單位其實早自民國五十八年起，就陸續辦理大里溪的防洪工程計畫。「七二七水災」之後，進一步公告治理基本計畫，自七十九年起至九十一年完成，共實施了二期，總經費為一百六十三億元。歷經多次颱風與豪大雨，都能有效阻止水患，已發揮了防洪的預期效果。

但九十三年「敏督利」颱風來襲，再度造成大里溪水系支流旱溪、頭汴坑溪、乾溪等區域淹水的災害。由於災情超乎預期，行政院前院長游錫堃視察災區後指示水利署繼續辦理第三期計畫，實施範圍涵蓋旱溪、頭汴坑溪、草湖溪，興建堤防三十三公里，實施期程至九十七年止。

顏詒星即是這項堤防工程的設計者，他說，水利署為儘快解決水患，採用地取得與工程施工併行作業方式，同時調派五個河川局，分六個工區同時進行。在工程單位日夜趕工下，已在九十五年汛期前達成計畫洪水位，比預定少了二次淹水機率；此期間共經歷了十一次颱風，因防範得宜，並未傳出災情，整個計畫已於今年七月完工。

嘉仁村村長林瑞文表示，大里溪經過這番整治之後，今年來襲的幾個颱風，像「韋帕」、「聖帕」、「柯羅莎」過境之後，確實未在當地造成什麼災情，居民最擔心的水災也沒發生，水利署的

整治計畫初步已通過考驗，村人也期望就此擺脫水患的夢魘。

　　顏詒星最後開車帶我沿著新闢建的堤後道路繞了一圈，秋日和煦的陽光照耀下，堤防上的柳樹迎風搖曳，邊坡的植栽一片碧綠，大里溪是被馴服了，淙淙的溪水聲是一首安靜恬適的樂章。只不過遇上強颱時，會變成什麼容顏，還有待老天更嚴苛的考驗。

嘉義沿海地區補破網

　　嘉義縣沿海一帶因地勢低窪，加上地層下陷嚴重，自來就是易淹水的地區，其中又以東石鄉的四股及網寮二村最為嚴重。民國九十四年的「六一二水災」，二個村子被洪水圍困，對外交通完全癱瘓，成為名副其實的孤村，村民被困在重重的惡水裡近半個月，形同化外之民，處境令人憐憫。

車子泡水，鐵桶四處漂流，連救難人員都被洪水所困，街道一片凌亂，已成了台灣尋常可見的景象。
經濟部水利署提供

四股村是個只有百來戶的小村莊，位於北港溪南岸的台糖鰲鼓農場內，屬於海埔新生地。台糖早年在這兒養豬、種甘蔗，後來委託林務局造林，種了近千公頃的樹，與著名的鰲鼓溼地風景區毗鄰。因沒有明確的集水區與排水系統，只要下大雨，雨水無處宣洩，就會釀成水災。

　　四股社區發展協會理事長林福田說，平常下雨量只要超過二百公釐，村內即會淹水。「六一二水災」時曾淹到大人的胸口高，但是村內連一部抽水機也沒有。當晚沒人煮飯，老人也無法入睡，與外界完全無法聯繫。直到呂副總統坐船進來巡視，記者跟進來報導後，外界的救援物資才用竹筏運進來，村民們也才有些乾糧可以果腹，如今想來仍令他感到辛酸。

　　網寮村與四股村好像連體嬰，二者的命運綁在一起。它位於朴子溪南側，濱臨海堤，周邊都是鹽田，對外沒有排水系統，只能藉由抽水排入鹽田。村長戴慶堂說，「六一二水災」期間，村莊淹水深度達一公尺，他看情勢危急，當晚便宣布全村緊急撤離，對外交通完全中斷，村民的遭遇與四股村沒有兩樣。

　　水利署第五河川局的施工所主任林聰燕表示，四股、網寮二村的遭遇令人同情。「六一二水災」後，水利署已在四股村四周築堤及闢建聯外道路，以防止洪水再度入侵。今年三個颱風過境，雖然雨勢驚人，但二個村莊已沒再淹水，算是通過了初步的考驗。未來將配合國土復育、地層下陷防治等計畫，以綜合治水之方式，整體改善村落周邊的環境，希望能永遠杜絕水患，

整治水患，塑造親水空間

選在「柯羅拉」颱風剛離開的空檔，我從東部的蘭陽平原、北部的台北盆地、中部的大里溪流域，再到南部的嘉義沿海地帶，實地走訪了台灣四個最易淹水的地區，彷如翻閱了一部台灣的淹水史，災民的痛苦和無奈，工程人員的辛勞和付出，在在令人同情與感動。

有些水利設施已完工了，有些災情也減輕了，但面對天氣劇烈的改變，大自然更嚴厲的挑戰，明日過後，台灣如何面對更複雜、更詭譎的洪水威脅呢？

水利署長陳伸賢說，整治水患有二個目標。一是不要淹水，二是在安全無虞後塑造親水空間。過去因為沒有整體規劃，治水的成效一直不彰。中央一年只有十億的治水經費，補助各縣市後，每個縣市只有六、七千萬的預算，當然看不到效果。今年水利署有了八年八百億的特別預算，後來又追加了其他相關部會共一千一百六十億，將可集中火力，從上中下游做整體規劃，必可看到具體的成果。

他提出的綜合治水計畫，包括地形地貌的改變，如雲嘉南的地層下陷；產業政策的調整，如禁止養殖業，改為養殖示範區；不能使用的土地廣為造林；發展生態旅遊等，這些都可透過政府的補助來做，創造全新的生活領域與機會。

在治水方面，為有效改善淹水問題，水利署參考基隆河整治模式，提出了以系統性治理縣（市）管河川、區域排水及事業海堤

的構想，規劃配合「水患治理特別條例」，針對淹水情形嚴重且治理進度落後之縣（市）管河川、區域排水及事業海堤等，將在八年八百億元的特別預算下，加速整治的進度。

在塑造親水空間方面，他提出了美化河川的願景，希望每個縣市都能有一座河濱公園，利用都市型的河床，在土堤邊坡做綠美化，營造永續的親水環境空間，供民眾認養、使用。他並舉烏溪、朴子溪及曾文溪為例，這幾條河川治理後都可以行船，遊客悠遊在風景優美的河流上，那是何等賞心悅目的事。

明日過後依然無恙

明日過後，台灣的居民還能安然無恙嗎？電影中海水上升，都市被淹沒的虛構情節，會不會在台灣出現？

員山子分洪道的出口。分洪道將洪水導入大海，是台灣近年來成功的水利設施。明日過後，它是否依然無恙？

經濟部水利署第十河川局提供

中興工程顧問公司協理兼逢甲大學水利工程研究所教授龔誠山表示，淹水是大自然的現象，雨下多了就會淹水。並舉美國紐奧良為例，即使像美國這麼先進的國家，都難免遭到被洪水淹沒的命運。

但他也指出，工程技術全世界其實都差不多，台灣容易淹大水，主要是都市下水道及農田排水路這些基礎的設施沒做好。有些社區會淹水，其實只是水溝堵塞住了，南部鄉下更有死狗放水流的陋習，不管死豬或死雞都隨意往水溝或溪流丟，長此以往河流不阻塞才怪，一遇溪水暴漲自然就要淹水了。所以防止水患他認為必須從國人的日常生活中做起，最有效的方法其實就是多清水溝，讓水溝或大大小小的河流保持暢通。

其次便是經費的問題，他認為台灣治水的經費明顯不足，雖有八年八百億，但分開來一年不過只有一百億，要各縣市都做好下水道設施根本是杯水車薪。他建議政府一定要正視這個基本的問題，否則到頭來只會白忙一場。

台大土木系教授李天浩也認為，減少二氧化碳的消耗量，降低熱島效應，使台灣的溫度不要再升高，有助於緩和水患帶來的衝擊。國人假如都能從自身做起，從生活中養成節能省源的好習慣，對解決水患的問題其實大有神益。

古人說，治大國，如烹小鮮。水患的問題雖大，道理其實並不艱深。明日過後，台灣是否依然無恙？答案就在全體國人身上。

九十六年十二月完稿

紅色警戒
台灣的土石流災難

　　近幾年來台灣的生態危機中，土石流災害駸駸然有後來居上之勢，每逢颱風豪雨之前，水土保持局所發布的土石流紅色警戒區，總是特別引人注目。一旦爆發土石流，災情總是特別嚴重。證諸例年來的土石流災害，最可怕之處乃在毫無預兆，民眾在猝不及防之下，往往走避不及，生命財產的損失才會那樣嚴重。

土石流已成了台灣近年來最嚴重的天災，整治工作刻不容緩。　　　黃國鋒攝

何況，土石流只是土石崩落的現象之一，其他同質性的災害，同樣會危及我們的環境和生計，民眾應有這方面的認識，在災害之初即做好心理準備。

土地也會受傷

前台大地理系教授張石角表示，各種地層變化所發生的現象可歸納為山崩、地滑（民間俗稱走山）與土石流三種類型。

山崩指的是土地表層崩塌，地滑是土地深層滑動，崩下的土石與水混在一起，就會形成土石流。三者都是自然現象，在地球上的每一個角落隨時都在發生，地表也因此不斷地發生變化，一點都不足為奇。

這些崩塌的土石或土石流，若侵入道路、農地、民宅或水庫等人為開發的地區，才叫做災害，否則都應視為自然現象。他特別以台北盆地與西南平原為例，都是因為土石在河口堆積、阻塞而成。因遠離人口聚集之地，即使發生頻繁，也不會造成災害，人們多不以為意。

但到民國六十五年時，台灣因發展經濟，土地大量開發，人

「桃芝」颱風重創南投鹿谷初鄉橋。橋斷屋倒，令人怵目驚心。　　　　黃國鋒攝

口不斷增加，都市逐漸往郊區擴展，居住的環境逐漸進入山崩、地滑地區，危險性大為提高，原本自然的現象就逐漸變成各種災害了。

土石流與走山的成因

張教授指出，土石流是八十五年「賀伯」颱風之後才出現的名詞，它與過去所稱的洪水並不一樣，雖然同樣是土石的混合物，但洪水以水為主，土石流則以土石為主。它就像溼的混凝土，粘稠性很大，而且多發生在山坡上洪水爆發時。

至於走山或地滑，因為十分緩慢，很少危及人身的安全，只

九十三年「七二水災」松鶴一溪爆發嚴重的土石流，奪走八條人命。　黃國鋒攝

會對農地造成傷害。張教授巧妙地將它們做了一番比喻，山崩是外傷，地滑是內傷，土石流則是化膿。證諸它們的特性與為害的輕重，確實十分的傳神而中肯。

張教授補充說，地滑的災害雖較輕，因是內傷，反而難以治癒，好處是不會發生土石流。除了草嶺村堀坔山的頁岩和砂岩，台東的海岸山脈富含的泥岩岩層，遇雨也容易產生地滑的現象。二十多年前，該地曾發生大規模的走山現象，附近的一些農場都遷走了，事過境遷，恢復平靜後知情的人已不多。

最近花蓮玉里接台東長濱的玉長快速公路通車，所經之處恰好是海岸山脈的泥岩地段，沿途的山坡地上偶爾也可看到地滑的痕

跡，範圍雖不大，地點也十分隱密，不仔細搜尋，還不太容易發現它們的影子。

是否因為公路的開通，觸動了大地敏感的神經，當地又出現了走山的現象？不過，因為它們遠離人群聚居之地，即使發生地滑，也只能視為自然現象。

松鶴部落的末路

假如不一再發生土石流，在松鶴部落經營鱘龍魚養殖場及餐廳的張秀貞一家，會是個令人羨慕的家庭。她的先生陳志榮是部落裡公認最顧家，也最肯打拼的男人。他退伍後即到山上從事養殖業，結婚後夫妻二人胼手胝足，苦心地經營他們的家業。二、三十年來，歷經九二一大地震及歷次颱風的摧殘，每次都能劫後重生，度過難關，養殖場及餐廳的規模愈做愈大，「魚之鄉」也名聞遐邇，成了谷關一帶風景區享有口碑的商家。

可是民國九十三年「敏督利」颱風帶來的豪雨，卻改變了他們一家的命運，使得她美滿的家庭和事業毀於一旦。張秀貞永遠記得七月二日那天早上的那場大雷雨，雷電交加，雨就像瀑布一般傾盆而下，天空黑得像晚上一樣，是她一輩子不曾看過的異常天象。

她原本在神明廳燒紙錢，看到先生和二十歲大的兒子陳正憲披上雨衣要上山檢查養殖場的水管，她就有不祥的預感，並大聲叫他們不要上山。但說時遲，那時快，山上爆發的土石流就像千軍萬馬般奔騰而下，一下子就將父子二人沖走。她還來不及回神，土石

流已沖進她的屋子，嚇得她立刻奪門而出，才保住一條生命。

　　四天之後，她先生的遺體在十六公里外的龍安橋下被發現，兒子的屍體被沖到更遠處的外埔，發現時已是一個半月後的事了。

　　談起三年前這段往事，張秀貞忍不住還會拭淚。三年來她天天以淚洗面，養殖場及餐廳雖已在二年前恢復舊觀並重新營業，卻再也看不到她先生和兒子的身影。她的生命猶如枯木，活著似乎只是為了見證土石流的可怕，以至親的死亡為活生生的例子，提醒世人千萬別輕忽土石流的威力。

　　松鶴部落隸屬於台中縣和平鄉博愛村，剛好位在大甲溪及松鶴一溪、松鶴二溪的交匯之處。松鶴一、二溪是從山頂流下來的二條野溪，由北而南，注入大甲溪，一左一右，將松鶴部落挾在中

松鶴二溪的土石流大舉入侵民宅，有六十戶慘遭掩埋。　　　　　　　黃國鋒攝

間。平常只是乾涸的河床，雜草叢生，布滿亂石，任誰也想不到一旦爆發土石流，洪水挾土石滾滾而下，會變成一頭摧枯拉朽、所向披靡的怪獸，為害之烈，已甚於其他天災。

松鶴溪的治理

博愛村村長范忠文說，松鶴部落群山環繞，風景優美，常有白鶴在大甲溪上空飛翔，故以之命名。過去曾是令人羨慕的世外桃源，但自從九二一地震之後，由於土石鬆軟，往往下雨成災。「敏督利」颱風是個轉捩點，首次造成該村八人死亡（其中二人即張秀貞的先生及兒子），六十戶民宅遭掩埋的慘劇。大甲溪上的德芙蘭橋也被土石流沖毀，對外交通完全中斷，使得松鶴部落成為一座孤村，與世隔絕，連救援的物資都得仰賴空中運補。

范村長感嘆地說，此後松鶴部落即噩運不斷，同年的「艾利」颱風來襲，對岸的阿邦溪河道被洪水沖襲而擴大，大量土石流入大甲溪，使得松鶴部落岌岌可危。以後只要有颱風過境，都會傳出或大或小的災情。媒體一向喜歡捕風捉影，部落受創後的畫面一再出現在國人的眼前，遷村的呼聲也時有可聞，松鶴部落彷彿成了土石流的代名詞，一塊受詛咒之地，對松鶴部落其實並不公平。

水土保持局在「敏督利」颱風之後，即展開松鶴一溪及二溪的治理工作。在一溪設置梳子壩及沉沙池，二溪則做崩塌源頭處理。治理後的松鶴一溪上，聳立著五座梳子壩，加上固床工，看起來像一座水泥砌成的巨大城堡；二溪則沿著河道築起了堤防。該局

第六工程所所長張新民表示，松鶴一、二溪土石流潛勢溪流所造成的土砂，目前已可做到最有效的控制，以後再有土石流發生，為害也不會像「敏督利」颱風那麼慘重了。

面對著大甲溪寬闊的河床，隱身在山坡上的松鶴部落看起來是那麼地渺小，被土石流沖下來的巨石散置四處，被掩埋的屋舍東倒西歪，早就人去樓空，徒留一片荒煙蔓草。部落裡靜悄悄的，少有人影走動，景況十分淒涼。即使重建的工作已告一個段落，松鶴部落想要恢復昔日的生機，恐怕仍需相當的時日。

梳子壩是防治土石流的利器。

一再遭受土石流的侵襲，松鶴部落災情慘重，已難恢復昔日的生機。　黃國鋒攝

大興村的毀滅與再生

　　松鶴部落的遭遇固然令人同情，花蓮縣光復鄉大興村所遭受到的土石流的災情，卻比它更甚；光是居民死亡的人數和被土石掩埋的房舍，就有它的三倍之多，豈是哀鴻遍野，草木含悲一言兩語所能道盡？

　　時間往前推移三年，七月三十日凌晨十二點，中度颱風「桃芝」在秀姑巒溪附近登陸，在強風豪雨的侵襲下，大興溪上游的南清水溪及北清水溪的坡面嚴重崩塌，導致成千上萬噸的土石狂奔而下。位在下游的大興村首當其衝，全村有一百五十戶遭土石流掩埋，二十七人死亡，十六人失蹤，死傷之慘重，為台灣歷年來所僅見。

　　在小街上開雜貨店的阿美族婦人高金玉心有餘悸的說，他們一家四口原本住在地勢較低窪的地方。當天凌晨二點，一陣狂風突然把她家的屋頂掀翻了，大水從住家後面淹進來，一下子就淹到她的胸口。家裡的洗衣機、電冰箱和堆積的雜貨，全被緊接著而來的土石流淹沒了，連大門都被堵死了打不開。她只好躲在廁所裡，直到先生拉她一把才逃出來。她因個子矮小，要不是先生一路拉著她，早就被風吹跑了。

　　那晚僥倖逃出來的村民，都逃到大興國小去避難，沒逃出來的都被淹死了。最慘的是楊明山家族，一家九口都被土石流沖走了，只有他本人在外過夜而逃過一劫。村裡的九龍宮也難逃土石流的魔掌，整座寺廟被埋在地下，當晚有許多信眾住在裡頭，也都成

花蓮縣的大興村也難逃「桃芝」颱風的魔掌。倖存的房屋地基多被掏空，已沒人敢居住。

黃國鋒攝

了地層下的冤魂。

　　光復鄉的祕書李裕煌，當時是大興村管區的警員，他的二位同事當晚十一點冒著風雨開車出去巡邏時，因視線不佳，經過嘉濃濃溪的一座橋樑時，不知道橋墩已被掏空，連車帶人摔入河底，一人當場死亡，一人失蹤。出師未捷身先死，所有警察同仁在忙著救災之餘，都為同袍的犧牲一掬同情之淚。

李祕書說，第二天一早五點多，他們即外出巡邏，公路上水深及膝，巨石橫陳，距離大興村不遠即看到一具具的屍體流出來，狀至淒慘。

水保局課長吳家勝一早即來到大興村勘災，大興河潰堤後，舉目一片汪洋，原本的河道都被沖垮了，他看到的景象宛如世界末日。當天花蓮地區的挖土機全被調來這兒開挖救災，疏浚河道。水保局特別在災情最嚴重的南清水溪上游採用抑止工法，阻止土砂流動；在中游興建梳子壩，以攔阻巨石滑落；並在下游兩岸修築堤防，做固床工程。

光復鄉鄉長黃榮成說，經過一年半的整治，大興河的安全性已大為提高，原本遷居外地的村民也漸漸回流，重整自己的家園。開雜貨店的高金玉坦承，災後一個月，她每晚睡覺時都還提心吊膽，深怕半夜土石流再度來襲，而有遷居外地的打算。但後來向母親買了一塊地，重新蓋了一間房屋，落成之後便把遭土石流破壞的雜貨店搬來繼續營業，如今一切已恢復舊觀，生活也上了軌道，土石流的噩夢終於逐漸遠離了。

災情的控制與整治

南投縣水里鄉上安村及信義鄉豐丘村，乃至雲林縣古坑鄉華山村及草嶺村，都位在地震斷層帶上，理論上比較容易發生土石流，事實上也都曾爆發大規模的土石流災害，是僅次於松鶴部落及大興村的受災區。

肇禍者都是村內的野溪、山溝，雖名不見經傳，但若遇上颱風豪雨，引發土石流傾洩而下，卻足以釀成巨大的災害。民國八十五年的「賀伯」颱風到九十六年的「六二水災」，即分別在上述各地造成家毀人亡的慘劇，田園大量流失，公共建設損毀殆盡，居民的生命財產備受威脅。

　　為了整治這些屢屢肇禍的野溪、山溝，水土保持局這些年就像消防隊，忙著四處救火。「賀伯」颱風後，水保局先在豐丘一號野溪上新建二號壩，阻擋上游地區砂石下移；再在一號壩堆積扇設置梳子壩及貯沙池，下游則設置細顆粒的沉沙池，將原有灌排兩用

南投縣水里鄉的上安村先後遭到「賀伯」及「桃芝」颱風的侵襲，居民的生命財產備受威脅。

黃國鋒攝

上安村一戶民宅遭巨石滾落擊中，斷垣殘壁，情勢岌岌可危。村民如驚弓之鳥，茫然不知所措。　黃國鋒攝

的水路截彎取直來分治水路，並設置土石流觀測及預警系統。

豐丘村村長邱瑞榮說，經過「桃芝」颱風豪雨所激發的土石流考驗，貯沙池確實能夠有效發揮攔蓄土砂，降低土石流流速的效果。之後的「敏督利」颱風、「六九水災」與「碧莉斯」颱風，豐丘村都沒有再度發生明顯災害，顯示已達整治的功效。

上安村村長陳永成說，九十年「桃芝」颱風帶來的大量土砂，沿著該村三廊坑溪傾瀉而下，被沖毀的房屋都位在河邊，後來再也沒人敢住，全搬到對岸山坡上的重劃區去了。原本一片狼藉的河岸，水保局在整建河道時規劃成一片公園綠地，上有涼亭、步道等設施，如今已成為該村的文化創意園區。

古坑鄉華山村村長林文森說，華山村連續三年遭土石流襲擊，境內的科角溪及華山溪兩岸滿目瘡痍，雖沒人傷亡，但多處民宅遭土石流入侵，還有三座橋樑被摧毀，連茶園也無法倖免，農作物全部付諸東流。

水保局的課長周祖明說，華山溪的整治包括源頭處理、防沙壩、梳子壩、沉沙池、護岸、整流工、固床工等一應俱全，以安全導向，並配合推動社區防災總體營造工作。幾年下來，華山溪已改頭換面，成了防治土石流災害的示範區，不時有學術界人士及外賓前來考察參觀。古坑鄉長林慧如對治理的成果也表示肯定，因為這幾年來華山地區已沒再發生重大的災難。

草嶺的走山悲劇

那些血淚斑斑的故事，訴說的是災民面對土石流的恐懼與無助。何況崩塌、地滑，也會肆虐成災，而歷年來規模最大、次數最多的「走山」，就發生在古坑鄉草嶺村的堀坔山。

堀坔山位在楓子崙，距離草嶺約五公里，據老一輩的人說，早年山頂上有一個大水堀，四周土質十分軟弱，因此被稱做堀坔山（坔，音隆，台語指水多而軟之地）。海拔一千公尺，巍然聳立在清水溪北岸，形勢極為險峻。

老一輩的地質專家徐鐵良，早年便曾到堀坔山從事勘察研究。他指出，清水溪中下游的岩層地質本就軟弱，而堀坔山的節理又特別發達，大雨過後，頁岩受侵蝕軟化，無力支撐，便會造成傾斜面的岩層表面滑落，發生巨大的崩塌。

草嶺村前村長李明修說，堀坔山曾在清同治、咸豐及民國三十年、六十八年間，發生大規模的走山，崩下來的砂石將清水溪堵成一座堰塞湖。堰塞湖的大壩潰決後，清水溪下游都曾發生嚴重的水患，造成重大的傷亡。

最近的一次，就是九二一地震所引起的。李明修說，當時堀坔山上住了五戶簡姓的人家，共三十六人。凌晨一點地震發生時，天搖地動，堀坔山瞬間像沉睡的巨人突然醒來一般，邁開巨大的腳步往清水溪疾走而下。

剎那間山崩地裂，飛砂走石，堀坔山下滑了三公里，高低落

差達七百公尺，碰到清水溪對岸的倒交山才彈回來，大批土石將清水溪的出口攔住，第四代的草嶺潭於焉出現。等塵埃落定，清理戶口，原本山上的五戶住家，已隨著崩塌的土石飛越清水溪，其中有二十九人被埋在礫石堆中。

李明修今年七十歲，在擔任草嶺村村長時即碰上堀杢山第四次走山，並實際參與水利工程單位的救災事宜，可說看盡了草嶺村的各種災難。再度目睹堀杢山走山的慘劇，仍為罹難的那二十九位同鄉感到萬分不捨，天命難違，面對詭譎多變的堀杢山，他也只能無言以對。

土石流的預防及治理

雖然歷年來發生土石流的地區，都已做了適當的整治，近年來也不再傳出災情，顯見土石流的治理已達到了一定的成效。但台灣因地形的特性，一遇颱風豪雨來襲，土石流常蠢蠢欲動，水保局所發布的紅色警戒依然令人惴惴不安，如何進一步確保民眾生命財產的安全，仍有賴各界集思廣益。

張石角教授認為，有燒香，有保庇。水保局這幾年的作為當然值得肯定，但防災首重預警系統及避難措施，預警系統必須遠離災害發源區才有效，以目前的氣象科技尚無法做到，因此避難措施便十分重要了。

而最有效的便是「蘇格蘭」（疏、隔、攔）三部曲。疏是指疏散，隔是指隔離，攔是指攔阻。目前水保局所做的都是硬體的攔

阻工程，即使工程做得再完美，若忽略了前二項，依然無法確保民眾的安全。

水土保持局局長吳輝龍最近也不再談硬體的防治工程，而在思考水與土相互依存的關係，因而提出了「水、土、林、動、人」的新思維。水是指水土資源保育、土是指土石流防治、林是指植生綠化、動是指生態景觀、人是指以人為本。具體的內容則是保育水土、防災減災、涵養水源、永續利用、國民福祉。

他認為危機也是轉機，觀念要配合行動。先對水與土加以管理與處理，使其穩定與安定，不再發生災害，才能達到保育利用與永續經營的終極目標。

吳局長所思考的水與土互相依存的關係，確實一語中的，點出了水土保持工作的重點。以松鶴部落、大興村、豐丘村、上安村及華山村為例，雖然屢遭土石流襲擊，草嶺村的堀坔山也一再發生走山的慘劇，遷村當然是上上之策，但實務上卻困難重重。

退而求其次，便得重新界定土與水，人與環境相互依存的關係了。

　　只有透過植生綠化，才能涵養水源，保育水土；也只有重視生態景觀，保育水土，才談得上永續利用，謀求國民福祉。只有大地無災、無難，居民才有安居樂業的一天。

九十六年十二月完稿

整治後的松鶴一溪上的攔沙壩有如銅牆鐵壁，已有居民在旁蓋了豪宅，顯示村民對水保局整治的成果已有信心。

下輯

河與路

飛馳的橘色巨龍

迎接高速鐵路時代的來臨

高速行駛的台灣高鐵，宛如一條飛馳的橘色巨龍，凌虛馭風，氣吞山河。

酣睡的巨龍

民國九十五年十一月三十日中午十二點，距離十二月七日原本要舉行的通車典禮僅有一個禮拜之前，台灣高鐵公司安排媒體的最後一趟試乘即將在半個小時之後出發。意味著台灣高鐵已做好了萬全的準備，箭在弦上，只靜待啟動的命令一下，台灣高速鐵路就要正式上路，為台灣的陸上交通運輸史寫下嶄新的一頁，向全世界宣告台灣已步入高鐵國家之林，屬於高鐵的時代已然來臨。

由於台北到板橋之間的工程尚未完工，全線也尚未通車，高鐵的起站暫時設在板橋。走進高鐵板橋車站，

《聯合報》系資料照片

明亮寬敞的走道和大廳，清楚的標誌，現代感十足，大概是為了與高鐵這種最先進的科技產品相匹配吧，處處都顯露出一種簇新而煥發的光采，在期待著通車後人潮的蒞臨。

應邀來採訪的媒體記者，不下百餘人，還包括許多外國媒體的朋友，這種大陣仗並不多見，顯示媒體對台灣高鐵的重視，大家都想一睹為快，比別人捷足先登，也是為了嚐鮮，搶先享受搭乘它迎風驅馳的快感。

因此通往月台的收票門一開，大家紛紛扛起攝影器材，迫不及待地奔下地下一樓的月台。月台上空蕩蕩的，顯得有些靜肅，唯有一列高鐵的列車正安靜地靠在月台邊，橘白相間的色彩，在明亮的燈光照射下顯得更為耀眼。

十二節的車廂組合在一起，就像是一條巨龍在地道中酣睡，誰也不忍心將它吵醒。但記者朋友們再也忍不住了，躡手躡腳地架起大大小小的攝影機，鎂光燈此起彼落，紛紛落在巨龍的身上，硬是把它吵醒過來。

凌虛馭風的快感

在接待人員的引導下，我們魚貫地上了車。

十二點二十五分，編號411班次的列車緩緩地開動了，若非服務人員的提醒，我們幾乎感覺不出列車的移動，尤其是在地下道裡。幾分鐘後出了地面，窗外的風景迅速地朝後方倒退，到了浮光掠影之際，那種速度的感覺就變得愈來愈強烈了。

不錯，列車正載著我們，全速地朝桃園站奔馳而去，好像是刻意地要向我們展示它的速度，光憑窗外景物的移動已無法估算它的速度了，因為我們習慣搭乘的火車的經驗，完全無法提供我們做這方面的判斷，它藉著車廂前方的電動顯示板的走馬燈，每隔一段時間就會顯示當下的速度。

　　由二百五十到二百八十，再向上攀升到三百。服務人員一再提示我們看跑馬燈，而在速度到達三百公里時，眾人都情不自禁地爆出一陣歡呼聲，因為我們已見證了台灣鐵路新的里程碑。

　　弔詭的是，若非跑馬燈的提示，坐在車廂裡的我們，一丁點也感受不到時速三百公里的衝擊與力道。我們安然地坐在椅子上，

高鐵明亮寬敞的車廂，提供乘客舒適的搭乘環境。

或看資料，或聊天，或僅只看著窗外發呆。車子始終平穩而規律地前進，與坐「自強號」或「莒光號」的感覺差沒多少。證實了急駛中的高鐵列車的穩定性，旅客們應能夠放心地接受，並給予了更多的信心。

我習慣性的憑窗遠眺，沿途盡是起伏的山巒和丘陵台地，組合成的是有別於我所熟悉的縱貫線的風景。對大部分好奇的旅客來說，這也是一種嶄新的視覺經驗，讓我們對台灣有了更具縱深與立體的視野，也給予我們更多的想像空間。

看著軌道旁飛快地向後閃過的路堤、路塹、橋樑、高架橋和隧道，我不禁好奇地想道：台灣位於颱風、地震頻繁的地帶，在土木結構和工程施作上，高鐵有何工程特性？必須達到什麼樣的標準，才經得起強風、豪雨等天然災害的考驗？並確保時速三百公里時的行車安全？

高鐵公司的協理賈先德說，高鐵總長度為三百四十五公里，其中以高架橋的比例最高，占了七成多；其次是隧道，將近二成，其餘的則為路堤和路塹。高架橋含跨河川橋、山區橋及跨公路橋，工程最為艱鉅，所要求的設計標準也最嚴格。除了確保行車安全外，也可節省用地面積，減輕對沿線社區造成的阻隔。由於台北、桃園、新竹沿線多山，隧道工程也相當艱苦，位在林口附近的隧道即長達六點五公里，最長的八卦山隧道更長達七點三公里……

他的話還沒說完，轟隆一聲，列車已鑽進林口隧道了，耳膜好像被一股強風灌飽了，略微震動了一下；但不過一分鐘，列車已

駛出隧道，迎面又是一陣強風襲來，耳膜又得接受一次震撼。那種瞬間的衝擊，猶如白駒過隙，間不容髮，而在須臾之間，輕舟已過萬重山。

不錯，桃園已經在望了，僅僅花了十四分鐘，列車已經開進高鐵的青埔車站，徐徐地在月台邊停靠下來。

高鐵的指揮總部

桃園高鐵車站依地下路軌的形式設計，未來將與「桃園都會區捷運路網」中的「中壢機場」線共站設計，而高鐵的指揮總部行車控制中心及行政管理中心，也設在這兒，其重要性不言可喻。

高鐵公司選在這兒為媒體做簡報，並開放列車駕駛模擬機及行車控制中心供我們參觀。所有高鐵公司自執行長歐晉德以下的主管都到齊了。

聽完簡報後，我們先參觀列車駕駛模擬機。事關駕駛員的培訓，也是現階段最受外界質疑的本國籍駕駛員不足的問題，高鐵當局正在這兒展開十萬火急的培訓計畫。

依照國際慣例，高鐵的列車駕駛員必須具備二十五年的軌道運輸經驗，包括十年以上的高速鐵路運轉實務經驗。所謂的列車駕駛模擬機，採用三度空間的動態模擬，完全複製700T列車的駕駛艙，包含列車操作控制設備，速度計及車載電腦等。訓練員必須模擬列車運轉之狀態，包含最困難的異常運轉及緊急運轉。

我們到訪時，有些學員正在模擬機接受訓練，有些正在課堂

上課。每個人無不正襟危坐，全神貫注。因為他們肩負著未來列車的駕駛重任，所有乘客生命的安危都掌握在他們的手中，誰也不敢輕忽大意。

至於行車控制中心，更是整個高鐵的神經中樞，是發號施令的總指揮部。由於它的重要性及高敏銳的電腦機器設備，一般並不對外開放供人參觀，我們雖得以破例進入，卻不能攜帶任何攝影器材，以免干擾裡頭的運作，即使是試車階段，也不允許出任何差錯。

走進門禁森嚴的廊道，中間隔了一道落地玻璃窗，俯望下去，整個行控中心盡在眼底。正前方的牆面上，高掛著一幅巨大的模擬顯示面板，沿線所有的場站及列車進出動態，都清楚地顯示在上面，俾裡頭的行控人員能完整而即時的掌控。

目前的主任控制員、列車控制員及電力控制員，均需具備十年以上的軌道運輸經驗，因此全由外籍控制員擔任。本國的控制員初期只能負責時刻表、旅客服務、組員運用、列車組運用及設施方面的控制。由於任務繁重，必需二十四小時全天候值勤，所以編制人員高達七十二位。

他們必須接受十七到六十天不等的訓練，才能進到這兒與外籍控制員一齊工作，從工作中學習實務經驗。從全線實施試運以來，他們已在各自的工作崗位上運作了一段時間。依排定的營運班表，試運的累計班次數已達三千六百零七次，累計的旅程達百萬公里以上。

雖然試車期間各種風波不斷，高鐵高層評估，對正式營運後

的情況相當樂觀。而本國籍的控制員與駕駛員也可逐步取代外籍專業人士，讓高鐵早日本土化，成為貨真價實的台灣高速鐵路。

台灣第一個國際規模的BOT案

下午二點十五分，我們再度登車，往南駛去，繼續未竟的參訪行程。桃園以下的西部走廊，自古以來即是台灣最富庶的平原地帶，從傳統的農業社會，過渡到工商業社會，再進步到最先進的高科技產業，高鐵正好貫穿了各個時代的脈動和產業勃興的重鎮，為台灣未來的發展勾勒出更開闊的視野和遠景。

目前高鐵沿線共設置了台北、桃園、新竹、台中、嘉義、台南、左營七個站，未來還要增設苗栗、彰化、雲林三站。並於台北汐止、台中烏日及高雄左營設置三處基地，以提供機客車過夜留置及清潔整備服務之用。另在高雄燕巢設置總機廠，台北汐止基地設置機務段。

民國八十七年五月，台灣高鐵公司設立登記，取得營業執照，開始施工興建。這個全台灣第一宗、也是最大的BOT案(Build-Operate-Transfer)，其精神在於由民間投資興建(Build)與營運(Operate)，並於特許營運期滿後，再將高鐵系統移轉(Transfer)給政府的一項重大工程試辦計畫。

因此自從動工之後，即備受國人的關注。畢竟這是一條滿載著國人的期待與驕傲的鐵路，也是政府首度試辦BOT模式，成功與否，不僅關係到高鐵能否順利營運，更關係到未來國家重大建設的

新竹六家高鐵車站流線型的外觀設計極具現代感，曾榮獲建築獎，備受建築界的推崇與肯定。

此處與目次處的六家車站照片均為劉吉忠攝

籌建模式。高鐵當局所承受的壓力和肩負的使命，不可謂不大。

　　八年來，來自政治的干擾和集資過程的風風雨雨，壓縮了太多工程專業的探討和理性的思辨空間，加上完工通車日期一再延宕，甚至到了試車期間，還狀況百出，令履勘委員遲遲不願放行通車，導致國人對高鐵的安全充滿了疑慮。

高鐵的特色與開發的遠景

　　面對外界的質疑，身為高鐵執行長的歐晉德，不惜以工程專家的身分出面一再澄清，並連續二天在媒體試乘的場合現身，為高鐵的安全背書。幸而如此，我才能在他百忙的行程中硬是擠出了時間，在駛往台中的車上對他做了一次深入的採訪。

　　先談安全的問題，他認為高鐵的安全絕對沒問題，不管從工程和營運的角度來看，他都對高鐵所做的品質監管紀錄充滿了信心。因此願意以他工程的專業背景，大力為高鐵背書。

　　在工程及設計方面，他認為高鐵有許多突破之處，不管是高架橋，或是車站的造型和結構，在工程技術和施工的品質上，都有所突破和提升。而整個工程的工期，能壓縮在六年之內快速完成，比起二高的十年，北宜高的十多年，更有效率，他認為是整體管理能力和工程技術的進步和提升。

　　由於高鐵是國內史無前例，也是全世界獨一無二的BOT案，其困難度甚至超過英法海峽的海底隧道工程。吸引了許多國際專業機構及人士的參與，所使用的全是國際性的合約，他認為這也是高鐵

一項了不起的成就，顯示國內工程的國際化日深，相較之下也毫不遜色，已可與國際接軌。

至於外界一再質疑的雲嘉南一帶地層下陷，南科橋樑的震動等問題，確實值得注意。但他認為這些問題或涉及國土的管制，或涉及區域發展。廠商在蓋廠房時本來就應該加強防震措施，雲嘉南一帶的水產養殖戶長年抽取地下水，導致地層下陷，卻把所有的責任都推給高鐵，他認為對高鐵並不公平。政府應該出面做適當的國土管制或區域發展，才是一勞永逸，永絕後患之計。

至於它的競爭對手台鐵，頻頻對外放話，認為高鐵通車後會搶走他們長途旅程的客源，扼殺他們的金雞母，使他們陷入經營的困境，甚至會倒閉，關門大吉。因此對高鐵總是忿忿不平，很不諒解。

歐晉德表示，台鐵員工內心的不平，他可以理解，因這牽涉到國家運輸資源分配的政策問題，他無法置喙。但他們真正想開發的卻是高速公路上那些開自用車的旅客，而且鎖定其中百分之六十的客源，與台鐵的利益並沒有多大的衝突，台鐵對他們的敵意其實是不必要的。

歐晉德進一步指出，時間因素是高鐵競爭力的來源。當開車族屢屢被高速公路上的塞車所苦時，過去可能苦無對策，也沒有替代的交通工具，只好忍氣吞聲，繼續飽受塞車之苦。

但高鐵一旦通車，他們就多了一種選擇，這時高鐵的機會就來了。以北高二地行車的時間為例，自行開車的四、五個小時和高鐵的九十分鐘，二者的比例是相當懸殊而明顯的，高鐵的價值這時

就浮現出來了。

因此當我問歐執行長最後一個問題：「高鐵對台灣最大的意義何在？」時，他不假思索地答道：「改變了台灣的空間結構。」

由於時間大幅縮短，人員及貨物移動的數量及頻率大量增加，能源消耗量減少，經濟活動乃跟著活躍，各種投資及商業活動也會活絡起來，促進經濟蓬勃的發展，人們的生活型態自然也跟著改變。最遲五年，經濟成長的成果就可以看出來了。

歐執行長指著窗外掠過的各個高鐵車站周遭的特定區說，未來這些地方都有可能成為台北的信義區，高樓林立，廠商雲集，人們到這兒消費、休閒、娛樂。每個高鐵車站的特定區就是當地的商業精華區，人潮摩肩接踵，川流不息，自然會帶動當地的工商業發展，從而提升人們的生活品質。

歐執行長描繪的這幅美景，到底能不能實現，或僅是空中樓閣？高鐵通車後自可分曉，就讓我們拭目以待了。

新市鎮的開發成敗未卜

與歐執行長的訪談，到台中烏日站時暫時告一段落。列車繼續往前奔馳，進入西部走廊的平原精華地帶後，沿線的景觀為之丕變。繁華的都會區、稠密的人煙，密集的廠房，以及冒著黑煙的大大小小的煙囪，在在顯示台灣經濟的活力。

但高鐵的車站卻都設在遠離人煙、尚未開發的地帶，讓人對車站特定區及新市鎮能否開發成功有所保留，與高鐵當局的評估出

入極大。

交通大學運輸研究所教授馮正民即持比較客觀、中立的態度。他認為新市鎮的開發成功與否，取決於二個條件，一是交通方便，二是能否吸引產業進駐。過去的林口和淡海就是未能符合這二個條件，後來都失敗了。因此近年來歐美等先進國家都已揚棄此種概念，而改採都市更新。

高鐵雖然有比較好的經營理念和規劃能力，但要達到上述二個目標並不容易，因為這幾年來台灣的經濟已在走下坡，若缺乏足夠的誘因，廠商投資的意願並不高。但比較之下，馮教授認為桃園、新竹還是有機會，南部的場站因位置太過偏遠，就不怎麼樂觀了。

其次，場站的開發需要時間，曠日費時，回收不易，規劃當局及投資者必須有極遠大的眼光才能成功。以日本為例，平均每個場站需花上二十年，才能吸引二萬人口。而台灣高鐵目前規劃的人口數高達四、五萬，必須數倍努力，才有勝算的可能。

在安全部分，馮教授認為高鐵的土木、軌道、車輛等硬體設備部分應該沒問題，他比較擔心的是人員的部分，包括人員的訓練和應變等「人的界面」。目前高鐵的駕駛員和行控中心的控制員像是聯合國的多國部隊，採多種語言溝通。正常情況還好，一旦遇上緊急狀況導致誤解或溝通不良，後果不堪設想。這種「人機界面」的問題，才是馮教授最擔心的。

目前高鐵正積極地在培訓本國的駕駛員和控制員，就是想早日解決這個「人機界面」的問題。因此，在正式通車初期，馮教授

建議高鐵的營運導向，一定要採漸進式、低班次的模式。切忌班次太過密集，在安全第一的最高指導原則下，確保行車的安全。

客源爭奪與環境衝擊

何況，高鐵還面臨客源不足的問題，和台鐵及航空公司爭奪客源的戰爭勢難避免。航空公司為了與高鐵競爭，機票的折扣戰已刀刀見血，台鐵的長途旅客也面臨大失血。這場戰爭假如持續不退，台鐵工會理事長陳漢卿即悲觀的表示，最後的結果可能是「三輸」的結局，以關門大吉作收。果真如此，真的就是國家交通政策的大挫敗了。

陳漢卿理事長一再認為台鐵是高鐵政策下的犧牲者，不但客源被瓜分了，連場站和月台都得無條件的供高鐵使用。提供子彈讓敵人來打自己，這場戰爭尚未開打而勝負已定，對台鐵來說真是情何以堪，難怪台鐵會對高鐵忿忿不平了。

據馮教授預估，高鐵通車之初，民眾為了嚐鮮，自然會掀起一股搶搭的熱潮，暫時不會有客源不足的問題。但等這陣熱潮平息後，高鐵就得好好的思考這個問題了，與其和別人搶破頭，不如培養自己的客源。在行銷策略方面，可降價促銷、賣套票，或辦活動。但根本之計還是在於做好聯外運輸系統，讓旅客進出方便，如此方可立於不敗之地。

而高鐵對於生態環境的衝擊與破壞，恐怕也不是歐執行長所說的那麼單純。馮教授認為，高鐵為害環境的元凶是噪音，其次是

舒適、平穩、快速，是高鐵最吸引忙碌現代人的地方。

景觀。前者在都市的問題遠大於郊區；後者在郊區是正面的，在都市反而是負面的。同樣是高架橋，在郊區也許是好景觀，但在都市裡就是視覺的汙染了。

　　噪音對鐵路沿線的居民來說，確實是一種難以忍受的傷害，以幾無寧日來形容，一點也不為過。目前已有某鄉鎮的居民提出告訴，假如蔓延成風，群起向高鐵求償，高鐵恐難以應付。

　　至於阻隔效應，主要是針對社區而言。有些社區被孤立了，有些被阻隔了，還有些會被攔腰切斷，使人與人之間的關係出現斷裂或緊張的局面。

　　台鐵工會主任祕書吳興仁，直指高鐵大肆開闢對外聯絡道路，才是生態的浩劫。他來自雲林縣的褒忠鄉，過去高鐵還沒興建時，交通雖然不便，但鄉下的環境靜謐安詳，美景天成，到處都可遊憩，他即常回故鄉走動。

　　自從高鐵在雲林設站，聯外道路四通八達，原本的天然美景

已被破壞殆盡。原本寬敞的三合院建築被拆除後，取而代之的是所謂的「透天厝」，又高又窄，老人家生活起居頓感不便，生活品質大受影響，如今他連老家也不想回去了。

掌握開發的金鑰匙

台鐵工會吳主任祕書的怨言，聽在高鐵副總經理江金山的耳中，卻變成了開發周邊環境的金鑰匙。當列車繼續往南行駛，通過雲林縣境時，我特別採訪了前來打招呼的江副總。

江副總主修公共行政，對公共政策頗為內行，對縮短南北經濟差距尤有獨到而精闢的見解。他認為從運具整合的立場，台鐵和高鐵不應是對立的，而是可以聯結的。由於台鐵的線路都在精華地段，擁有相當豐沛的土地資源，每個高鐵車站都可將它「捷運化」，深入到廣闊的城鄉之間，吸引具有地方特色的產業進駐。

江副總說，雲林縣屬平原地區，日照充足，空氣新鮮，若能規劃低密度開發的三代同堂的居住環境，極適合發展養老、育幼及醫療等方面的產業。過去因交通不便，人口外流嚴重，年輕人多在外謀職，家中只剩下年長的父母孤苦無依，有些還得幫忙帶孫子，一家人南北乖隔，一年難得團聚幾次。

但有了高鐵之後，大幅縮短了來回的時間，年輕人週末時可輕鬆地搭高鐵轉台鐵回到老家，探望父母與小孩，享受難得的天倫之樂，並在週一迅速地回到工作崗位。原本空洞的老家轉而變成最堅強的城堡，讓年輕人無後顧之憂，得以在事業上全力衝刺。同樣

是鐵路，台鐵可能造成人口外流，高鐵卻可吸引外流的人口返鄉。

何況，雲林還有便捷的台糖軌道系統，可發展「點對點的運輸」，來取代公路「門對門的運輸」。它的運量大，安全性高，對環境的汙染又低，一旦與高鐵、台鐵整合在一起，可發揮更大的效益。人口回流，養老、育幼的產業在此紮根，一個新社區，或新市鎮就這樣逐漸成形。能成功的奧祕之處，就是擁有了高鐵這把金鑰匙。

江副總最後的結論是，雲林不見得要工業區，也不需要蓋水庫，只要減少汙染，避免生態的浩劫，雲林或者台灣西部走廊上那許許多多的城鎮，只要善加利用這把金鑰匙，都能發展出具有地方特色的產業，形成各具特色的生活圈，來發展經濟，繁榮地方。

台灣一日生活圈的實現

下午四點二十五分，列車進入左營車站。我們在這兒下車，到車站外走走看看，呼吸一口南部新鮮的空氣，舒展舒展筋骨，試乘高鐵的參訪之旅已近尾聲了。半小時之後，我們再搭上104列車，往板橋車站駛去。

大家都累了，安靜地坐在柔軟舒適的座椅上，或看書，或打盹，或只是望著窗外薄暮掩蓋下的大地急速地往後退去。不消片刻，原野上的燈光初初地燃亮了，列車的速度悄悄地又接近三百公里。

誠如歐執行長所說的，高鐵改變了台灣空間的結構，也改變了我們對時間的觀念。高鐵規劃之初所設定的二個目標，一為將台灣南北交通縮短為九十分鐘，二為整合台鐵、捷運、公車等運輸系

巍然聳立的高架道路，宛如一座萬里長城，拉近了城鄉之間的距離。　　　　　　吳裕堂攝

統進行橫向的整合，形成「以高鐵為經，區域運輸系統為緯」的高速大眾運輸網路。

　　簡言之，「高鐵時代」最具體的意涵，便是「一日生活圈」理念的實現。過去我們習慣將台灣分成北、中、南三個區塊，各自

擁有獨立自主的生活圈，久之已形成了各自的生活習慣、文化特色和價值標準，所謂的「南北差距」或「重北輕南」的概念也是這樣形成的。其間有誤會，也有誇張；當然也呈現了台灣文化多元化的面貌與發展，讓我們得以享受這種文化的差異。

如今隨著高鐵的通車，這三個生活圈的窠臼都被打破了，我們可以在一天之內悠遊在這三個不同的生活圈裡，享受更豐富的生活的、藝術的、文化的資源。換言之，台灣的生活空間從此獲得了更大的解放，我們的精神和心靈也同步釋放出了更多的能量，供我們盡情地創造和享用。

當我還沉耽在這樣的想像中時，列車的廣播已經響起，板橋站到了。當列車在月台停下來時，我看腕上的手錶，正好指在六點三十分的位置。從起站到終點，整整九十分鐘，一分鐘的誤差也沒有。

我們魚貫下車，我隨即趕赴板橋捷運站，乘板南線到台北火車站，再轉搭淡水線回到我住的士林區，半個小時之後我已回到家裡，還來得及與家人共進晚餐。

我終於了解什麼叫「一日生活圈」，也從而了解我們為什麼要興建高鐵。因為我們再一次發現了奇蹟，實現了過去不敢奢望的夢想，台灣因而愈來愈可愛，也愈有希望了。

九十五年十一月完稿

橫貫北台灣的時光走廊

北部橫貫公路（台七線）

大嵙崁文化的餘緒

大漢溪原名大嵙崁溪，源遠流長，流域廣闊，其源頭可上溯至雪山與大霸尖山之間的塔克金溪，在巴陵匯入高干溪後始稱為大嵙崁溪。

今日的台七線，即是沿著大嵙崁溪修建的，崇山峻嶺，谷高澗深，自來就是人煙絕跡之地，要在這片榛莽荒野鑿山開路，貫穿雪山山脈，到達彼端噶瑪蘭平原，是前人不敢想像的艱鉅工程。歷經不同的統治階層的開發與經營，累積近百年之功，一條橫貫北台灣的深山公路畢竟開通了，文明的腳步終能一步步地踏入這片草萊未闢之地。

而對世居在此的原住民泰雅族人而言，早期的漢人及後來的日本人所帶來的文明的入侵，以武力逼使他們退隱至窮山惡林，過著幾近原始的生活，更是一頁悲慘的歷史，使他們一直處於艱苦的生存環境之中，至今仍屬於弱勢的族群。

因此一部台七線的開發史，不僅是交通的發展史，更是一部

沿著大漢溪河道與北橫公路沿線的聚落，因為濫墾、濫伐嚴重，已成為生態環境的隱憂。

《中國時報》資料照片，王爵暐攝

種族之間的抗爭史，其中蘊藏著豐富的泰雅族文化，日本的殖民文化，以及以大溪為代表的漢文化，三者在融合的過程中呈顯出的激盪和衝擊，至今仍可看出一些餘緒，走一趟台七線，恰好可以重新回顧這段歷史和文化。

開路造橋的先驅

今日的台七線，即是通稱的北部橫貫公路，西起桃園大溪，東迄宜蘭公館，全長一百三十二公里。除了主線之外，還有甲、乙、丙三條副線，分別連接棲蘭到梨山，大埔到三民，以及牛鬥到利澤簡三條道路，涵蓋了桃園

及宜蘭二縣山區重要的鄉鎮。

民國前一年（西元一九一一年），日人治台後為了加強對原住民的管制，開發山地資源，開始修築桃園縣角板山（今復興鄉）至宜蘭員山之間的山地道路，特稱為「理蕃道路」。由桃園起，經大溪、頭寮、三民、角板山、棲蘭至三星，全長一百二十二公里，屬於警備理蕃道路，由沿線居民以義務勞役的方式完成，全線於民國五年竣工。

道路雖已開通，但以當時的工程技術及施工品質，路面狹窄彎曲，多是砂石路，橋樑的載重亦小，顛簸難行，安全堪虞，無怪乎僅能供警備理蕃之用。

光復後，山地道路之維修開闢工程改由公路局接管。自民國三十九年至四十一年止，先完成大溪至角板山道路開鑿及加寬工程。其餘路段因年久失修，或崎嶇不平，或坍方嚴重，導致沿線道路時斷時續，難以通行無阻。

台灣省公路局為了改善路況，便利東西兩岸間之交通，乃有修築北部橫貫公路之議，民國四十七年二月完成全線之踏勘、測量，決定自復興鄉溯大漢溪，經羅浮、高坡、榮華、蘇樂、巴陵、萱原、四稜、西村，進入宜蘭縣境，越過中央山脈分水嶺，經池端迄棲蘭，全長七十一公里；其中包括三座跨徑大橋，分別是復興吊橋、巴陵吊橋及大曼大橋（後改名為大漢大橋），地形最為嚴峻、險惡，也是對省公路局施工最大的挑戰和考驗。

民國五十二年三月，北部橫貫公路正式開工，於五十五年五

復興吊橋是北橫公路上的三座跨徑大橋之一，地形嚴峻、險惡，是橋樑工程極大的挑戰與考驗。

月完工通車。總工程費為一億零五百萬元。象徵日本殖民時代屈辱的「理蕃道路」從此走入歷史，取而代之的是國人自行開闢的台七線公路。

　　當時擔任大橋施工所主任的嚴啟昌回憶說：「大曼橋為一跨長七十一點五公尺的鋼拱橋，是當時台灣最大的鋼拱橋。二岸懸崖峭壁，溪谷深達八十多公尺，由於台灣從未有這方面的經驗，我們大膽地採用索道架設法，在橋址兩端架設了木構架，用來支持鋼

索。另在木構架後方設置混凝土錨座，用來固定鋼索。利用索道自兩端向中央分節吊裝，最後在拱頂處接合，大曼橋就這樣建造起來了。」

復興、巴陵兩座吊橋的長度分別為一百五十二、一百六十公尺，二橋同樣位在懸崖峭壁之上。施工時以固定主索兩端的錨座工程最為重要，光是為了安置縱橫交錯的鋼材，施工人員即需在岩壁上挖出一個十公尺立方的大岩洞，兩座吊橋各耗時一個月才告竣工。

嚴啟昌在回憶建橋過程的艱辛時，特別推崇當時工務所的工務員巫嶙，因為巴陵吊橋最複雜的變更設計工作，是由巫嶙一手完成的。巫嶙的學歷雖只有高工畢業，但嚴啟昌認為他對土木技術的精湛程度，遠超過高級工程師。

另一位橋樑界的奇人林枝木，只讀到初中畢業，十八歲即進入土木工程界，從小學徒做起，二年後出師即在全省各地承包吊橋工程，巴陵吊橋就是他所承包的。該橋為鋼骨結構，兩端錨碇所使用的大螺栓即重達六十公斤，為了將螺栓固定上鎖，還運了一卡車的石頭，將橋面壓低了才解決。因此橋身相當堅固，可容納二至三部戰車通過。後來他在台灣所承建的吊橋總長度，據說有中山高速公路的一半長。

嚴先生今年已八十二歲，投身台灣公路建設長達四十多年，歷任公路局局長、台灣省交通處處長，後來並擔任不分區立法委員。重大的公路建設背後都有他的身影；也由於長年在工地奔波、

跋涉，鍛鍊出他強健的體魄，至今身體仍十分硬朗。提起他所參與的各項工程，北部橫貫公路無疑是令他最難以忘懷的公路之一，無怪乎他對那三座橋樑興建的細節，至今仍瞭若指掌。

大溪的歷史風貌及演變

　　大溪是台七線的起點。這兒不僅是早期原住民聚居之地，也是漢人最早拓墾的據點，老街上巴洛克建築和中山公園內的水池庭園，都是日治時代留下來的遺蹟。七〇年代台灣掀起的一股懷舊熱，曾使得大溪擠滿了尋根的人潮。台七線從這兒出發，有濃濃的歷史文化的風味。

　　大溪古名「大姑陷」，是從原住民語直接譯過來的，原是對「大水」的稱呼，而後改成「大嵙崁」。大水，指的當然是大嵙崁

大溪老街上巴洛克式的建築，是日治時代留下來的遺蹟，有濃濃的古早味。

溪的流水，二百多年前的原住民面對那豐沛的溪水，很自然地給他們居住的土地取了一個這麼美麗的名字。

清光緒十二年（西元一八八六年），清廷大力「開山撫番」，並在此設立撫墾總局及腦務總局。因為大嵙崁溪航運的方便，漢人開始大舉進入大嵙崁開墾，外國的洋行也跟著在這兒設立分行，從事茶及樟腦的交易，總數達三、四百家之多，使得當地的商業發展盛極一時，大嵙崁溪上帆檣林立，航行在淡水和大嵙崁之間的商船絡繹不絕。

日本治台之後，日本的公司行號為了從事樟腦生意，相繼來到這兒駐點發展，所招募的工人高達數千人。一時商賈雲集，百業興隆，大嵙崁的發展達到了高峰，呈現一片繁榮富庶的景象。

可惜好景不常，因為大嵙崁溪的流水逐漸枯竭，再加上受到一次世界大戰後經濟蕭條的影響，河川航運盛極而衰，大嵙崁開始沒落了。到了大正五年（西元一九一六年），船隻已無法行駛，航運不得不宣告中止，此後大嵙崁溪上再也看不到船隻的影子了。

四年之後，日本政府將大嵙崁改名為「大溪」，此地名一直沿用迄今；而大嵙崁溪也改為「大漢溪」，但已難以挽回那滔滔如湧的溪水了。

如今的大漢溪仍從中正公園外流過，寬闊的河床上盡是壘壘的石頭和河沙，看起來既空曠，又荒涼，只有一彎淺淺的溪流自砂堆石隙中緩緩流過。而橫跨在上面的吊橋，也因年代久遠而殘破不堪，空蕩蕩地懸掛在一隅，誰能憑空想像當年「孤橋臥波」的美

景？又何以想像昔日商船列隊沿溪上下的盛況？

老街的新生

　　走過大溪的大街小巷，最醒目的市招便是各種品牌的豆干店了，從「黃日香」到「萬里香」；從「大房豆干」到「廖心蘭」；乃至其他大大小小的品牌，可謂琳瑯滿目，應有盡有。

　　說大溪是豆干的發源地，一點也不為過。它振興了地方的產業，也帶動了觀光事業，多少觀光客慕名而來，走的時候手上帶的都是大包小包的豆干。

　　下午一點多的光景，原本是商家休息的時刻，但位在和平老街的「黃日香本店」，依然不時有顧客上門。走進裡頭，樸實無華的店面，顯示的是本店的原本面貌，比起其他分店或門市光可鑑人的櫥櫃，來這兒的顧客更可感受到老店傳統的風味和親切的服務。

　　「本店」的主人黃淑君，是黃家的第四代，談起老店的歷史如數家珍。她說「黃日香」不是人名，而是商號。她的曾祖父黃屋（綽號大目仔）才是創始人，因為曾祖母跟

「黃日香本店」是大溪最大，也是最古老的豆干店，至今仍採用傳統的經營模式，已由第四代接棒。

隔壁一位阿婆學做豆腐，一家人才做起豆干的生意。

到了她祖父黃伯鴻時，為了防腐以延長販賣的時間，在原料中加了焦糖和五香，無心插柳卻製出了黑豆干。由於風味獨特，大受歡迎，「黃日香」的名號不脛而走。為了供應市場的需求，民國六十年黃家在信義路上開設工廠，經營的方式也從家庭副業性質，逐漸轉型為半機械化。

到了七十二年，第三代黃文尚接棒後，正式與人合組公司，以「黃日香」做為商號，進入企業化經營的時代，不但加入休閒產品，還大量向中南部乃至國際市場外銷，形成今日集團化的規模。

至於她所負責的本店，仍採傳統的經營模式，店面樸實無華，以親切的服務以廣招徠。因此民國八十年，政府在推動社區總體營造時，她即熱烈響應，配合和平老街再造，積極參與小朋友的戶外教學活動，使得顧客的年齡層大幅降低。她認為這種紮根的本土教育，才是產品乃至企業能永續經營的根本之計。

黃淑君的理念，對同屬傳統工藝範疇的木器行來說，同樣適用。同樣位於和平街的「協盛木器行」，是一家卓有口碑的老店，由第一代匠師姚士英在民國二十九年時所創，由於手藝精湛，生意興隆，家業父子一脈相傳，目前已傳至第三代。

由於木器業近年飽受大陸及越南產品低價競爭，市場急遽萎縮，八十八年時「協盛木器行」開始轉型，兼做精緻的餐飲，結合木器行內復古的裝潢，開設了「姚茶館」。開張後果然生意興隆，每逢星期假日門庭若市，餐飲的收入已超過木器。

目前餐廳由姚慈盈和大嫂莊惠琪負責營運，二個年輕的女人，把這家百年的木器店轉型為精緻高雅的復古餐廳，不僅為自己打開了新出路，也為大溪老街注入了新生命。

和平老街有說不完的故事，街尾福仁宮前的廣場，還誕生了「一代陀螺王」。民國七十年農曆六月二十四日普濟堂關聖帝君誕辰那天，由打石師父簡武雄發起的「一代陀螺王俱樂部」的會員，成功地將一枚重達一百五十五斤重的大陀螺轉動起來，不只贏得在場數百位民眾熱烈的歡呼，也為台灣締造了一項新的世界紀錄。

福仁宮前的廣場，曾是「一代陀螺王」誕生的地方，熱鬧非凡，如今卻成了老人家擺攤的地方。

因為簡武雄異想天開的想法和俱樂部全體會員的努力，帶動了民眾打大陀螺的風氣，大溪也因此成為大陀螺的故鄉。至今那些屢創世界紀錄的「巨無霸陀螺」，仍完好如初地保存在福仁宮的陳列館裡，成為遊客到大溪遊覽時必定造訪的一個景點。

慘烈的撫蕃戰爭

離開大溪，台七線一路蜿蜒向南，路過慈湖和頭寮，這兒是二位先總統奉厝之地。在威權統治的年代，這兒曾是多少國人謁靈

的地方，如今隨著社會的開放和政權的移轉，已逐漸褪去神祕的面紗，甚至還有人主張撤去駐守的衛兵。

近來由於開放陸客來台觀光的政策逐漸明朗，這兒又成了旅遊業的兵家重地，全省各地被拆下來的蔣中正銅像，如今全保存在這兒，蔣公的大溪行館也重新整修為文物館，成為一座雅緻的咖啡屋，桃園縣政府準備在這兒營造成以兩蔣為特色的兩蔣文化園區。時代迅速的變化，往往讓人始料未及。

過了慈湖，公路就進入復興鄉了，沿途山巒起伏，在春日和煦的陽光照耀下，滿山遍野蒼翠的林木都閃動著金黃色的光芒，美麗的原民鄉的風景，一覽無餘的展現在眼前，令人心胸豁然開朗。

兩蔣文化園區內陳列了全省各地拆下來的蔣中正銅像，陸客來台觀光最喜歡到此一遊。

首先到達的是澤仁村，也是鄉公所所在地，但大家仍習慣稱為角板山。站在角板山公園可以眺望大漢溪美麗的風光，這兒設有先總統蔣公的行館，加上救國團的活動中心，吸引許多年輕人到此一遊。角板山行館和公園內花木扶疏，綠草如茵，如今仍是國人休閒旅遊時喜歡造訪的地方。

　　角板山的命名，始於清末的台灣巡撫劉銘傳，如前文所述，光緒十二年，劉銘傳為了「開山撫蕃」，在大嵙崁設立撫墾總局，曾親率清軍行經此地，見大嵙崁溪兩岸河階的形狀如三角板，便命名為「角板山」。並在此發動了大規模的討伐「大嵙崁蕃」的戰爭。

角板山公園內花木扶疏，如今仍是國人休閒旅遊時喜歡造訪之地。

大嵙崁蕃屬泰雅族中的賽考列克族,世居在角板山的大嵙崁溪兩岸,為了彼此的利益,常與來此墾殖的漢人發生衝突,對漢人或其他外族而言,即是一種「蕃害」。劉銘傳的「撫蕃」或日後日軍的「理蕃」,都是針對「蕃害」而發動的戰爭。大小征戰不計其數,動員的兵力曾達萬人,雙方傷亡都很慘重,但打打和和,拖延經年,戰火始終難以止息。

其中最激烈的,要屬光緒三十三年(西元一九○七年)的「枕頭山之役」,原住民與抗日義軍結合,固守在枕頭山上。日軍傾全桃園廳的警力,再由台中、南投增援千餘軍警,展開慘烈的肉搏戰,雙方激戰四十多天,死傷殆盡,日軍才攻下山頭。此一戰役,至今仍為復興鄉老一輩的原住民津津樂道。

現年七十七歲,住在羅浮村的退休教師林茂成的家族,就曾參與這段歷史。他的祖父瓦旦謝促是三峽大豹社的頭目,並任抗日聯合陣線「大嵙崁前山蕃」的總頭目,輾轉來到角板山組成山地義勇軍,與日軍纏鬥了三年,互有勝負。終因彈盡援絕而潰敗,自己也在枕頭山戰役中壯烈成仁。

諷刺的是,瓦旦的子嗣樂信瓦旦(也就是林茂成的父親),卻接受了日本的高等教育,畢業於台大醫學院前身的台灣醫學專門學校,後改名為日野三郎,並受聘為台灣總督府的評議員。台灣光復後又改名林瑞昌,先後當選省參議員及第一屆臨時省議員,可說是日本殖民政府和國民黨刻意栽培的原住民精英,卻在五○年代的白色恐怖時被捕入獄,最後因匪諜罪被槍決。

談起這段往事，林茂成至今仍為乃父感到不平，他們一家也因父親的案子而受到牽累，長期生活在被監視的陰影中，讀書或就業都備受打壓。直到解嚴及二二八事件平反後，他們一家才走出陰影，重見天日。

有趣的是，他的三子林日昇卻畢業於陸軍專校，退伍後曾在復興鄉公所服務，現在則任職於公路局羅浮工務段。問他們父子，為何身為白色恐怖的受害者家屬，還選擇就讀軍校？父子二人同聲答道：因為家裡已窮得沒錢供他讀書了。乍聽之下雖是個笑話，仔細玩味，卻有更深沉的悲哀和無奈，令人難以釋懷。

雙橋並列的虹橋奇觀

從澤仁村到羅浮村，不過十五分鐘的車程，大漢溪來到這兒，溪面突然開闊，眼前出現了二座龐大的橋樑，一為紫色，一為紅色。再仔細一看，紫色的就是復興吊橋，紅色的則為羅浮大橋，從某一個角度看，二座大橋似乎重疊在一起，成為橫跨大漢溪上的一道紅紫相間的彩虹，襯托在蒼翠的山林和偶爾飄來的煙嵐之中，真是美極了。

復興吊橋左右二側，各有二座石鼓造型的石雕，刻有泰雅族流傳的「射日英雄」的神話故事，為雕塑大師楊英風的子嗣楊奉琛所設計。漫步橋上，俯身下望，才能感受到大漢溪溪谷的壯闊。

而新建的羅浮橋就在一旁，相距不過百來公尺。因復興吊橋不堪大型車輛長期衝擊，承載力漸感不足，加上橋面狹窄，僅容單

紫色的復興吊橋與紅色的羅浮大橋橫跨在大漢溪上，成為雙橋並列的虹橋奇觀。

向通行，成為交通瓶頸，民國八十一年間，乃由省府籌資建造，於八十三年完工通車。

羅浮橋造型優美，不僅是台灣西部進入北橫公路跨越大漢溪的第一座鋼拱大橋，也是東南亞跨徑最大的上承鋼拱橋，已取代復興吊橋，成為台七線經過的交通孔道。至於復興吊橋早已封閉，禁止車輛進入，僅許遊客步行上橋，成為一座名副其實的觀光吊橋了。

車過羅浮橋，繼續沿台七線南行，進入雪山山脈後，一座座陡峭的巨峰，從大漢溪河床拔地而起，峰峰相連，連綿不絕，氣勢磅礴雄偉。山坡上時可看到原住民的住家，各自形成部落，散布在雲天接壤之處，好一幅天上人間的風景。車行約四十分鐘，便來到了巴陵。

還沒進入巴陵，首先映入眼簾的便是巴陵大橋與巴陵吊橋相依偎的身影，一雄偉，一秀麗，儷影成雙，彼此相看兩不厭，正是遊客徜徉其間的心理寫照。

巴陵大橋的興建與羅浮橋如出一轍，都是為了解決原有吊橋不敷現代交通需求而興建的。九十四年才完工通車，全長二百二十公尺，拱高三十七公尺，遠看就像是一隻龐大的鋼鐵巨獸，躬背伏臥在大漢溪的峽谷之上。

有趣的是，這麼一座陽剛的鋼拱橋，漆的卻是粉嫩嫩的水蜜桃的顏色，好像一個勇猛健壯的男子卻以呢喃軟語的聲調告訴大家：「這兒是水蜜桃的故鄉。」

水蜜桃的興起與沒落

每年的五月到八月，是水蜜桃出產的季節，巴陵乃至整個復興鄉，都進入最忙碌的狀態。復興鄉公所為了促銷這項農產品，十年來每年都舉辦水蜜桃季的系列活動，而且一年比一年盛大。

近幾年還舉辦了水蜜桃公主選拔，透過媒體的報導，知名度愈來愈高，遊客也愈來愈多。上山的車輛回堵嚴重，羅浮大橋及巴陵大橋通車後雖紓解了車潮，但仍有賴交通管制才能使車流順暢，這就是推動觀光和農產品的兩難吧！

鄉長林信義說：復興鄉自有的財源十分有限，一切建設都得仰賴上級政府補助，所以各項建設都不如理想。好在山上的農特產品十分豐富，除了水蜜桃已打出知名度外，鄉內出產的甜柿、香菇、綠竹筍和高山鯝魚，也都有很高的經濟價值，值得進一步向外推廣。

儘管歷任鄉長都十分努力，地方也在逐年發展進步之中，但地廣人稀，卻改變不了經濟落後的現實。林鄉長沉痛地表示，復興鄉共有十個村，面積占全縣三分之一，但人口只有一萬多人，其中泰雅族人占三分之二。由於缺乏工作機會，年輕人都外出求學或就業。留下來的村民只能種水果或做小生意，等而下之的僅能靠打零工維生，日子過得都很辛苦。

另外三分之一的平地人，由於擁有一技之長，或善於精算，不管經營果園或開店做生意，都比泰雅人強，因此村裡的商店大多

水蜜桃是復興鄉最重要的農產品，已具有全國性的知名度。

是他們經營的。

　　現年六十歲的徐雲騰，是桃園中壢人，原本是遊覽車司機，二十六年前隻身來到復興鄉，在巴陵小街上開設了「蘇樂機車行」。除了修理、買賣機車外，十多年前他也買了一片山坡地，種起水蜜桃來。賺了錢後，他又承包了村裡的自來水工程，一個人從事三種行業，實在忙不過來了，二年前才把機車行交給兒子徐盛銘經營。

　　小徐今年二十九歲，六歲就隨父親上山，由於車行就在台七線旁，徐盛銘就是看著路上來來往往的車子長大的。他說北橫未開通前，道路很狹窄，全是碎石子，一路彎彎曲曲，從大溪搭公路局的車子到巴陵要兩個半小時，所以很少有遊客上來。

直到北橫通車後，情況才有改善。但七十六年間水蜜桃盛產時又開始塞車了，經常一塞就是一整天，旅客無法下山，只好留在山上過夜；有時連旅館都爆滿了，一床難求，很多人都在旅館打地鋪，或睡在車子裡，那真是巴陵難得一見的黃金時期。

　　近幾年來，巴陵明顯地在走下坡了，由於塞車嚴重，加上晚近「宅急便」盛行，很多旅客都改用訂購的方式，由快捷送下山。去年雪山隧道通車後，去宜蘭更方便、快速，大部分的遊客都捨北橫而改走北宜高速公路，巴陵一帶的生意更是一落千丈，很多飯店和旅社的生意都做不下去了。

　　我們到當地採訪時，巴陵小街上果然冷冷清清的，午餐時居然找不到館子吃飯，因為絕大多數的館子都拉下鐵門，連生意也不做了。一葉知秋，這種冷颼颼的氣氛，即使遇上假日恐怕也難以回溫吧！

大同鄉的新貌

　　離開巴陵，原本一路朝南的台七線，開始朝東，經營原、四稜，一路盤旋上升。沿線都是高聳入雲的山嶺，台七線就在雲海之間穿梭前進，每一個轉折，都足以令人屏息。過了棲蘭之後，又朝東北急轉彎，高度慢慢下降，最後終於跨入宜蘭縣的大同鄉境。

　　台七線來到這兒已接近尾聲了，沿途都是蘭陽溪乾枯而荒涼的河床，景觀頗為單調，經過的也都是尋常的原住民村落，沒有什麼特色。

台七線英士段於「辛樂克」颱風期間路基流失嚴重，崩毀的道路迄今仍未修復。
《中國時報》資料照片，嚴培曉攝

大同鄉的居民大多是泰雅族人，早年他們即結社居住在蘭陽溪兩岸的山坡地和平地間，目前共轄有十個村，人口卻不到六千人，地廣人稀的問題比復興鄉還嚴重。

台七線經過的是北岸的三個村，依次是英士、松羅及崙埤村。

英士村位在公路底下，需下一道陡坡才能進村。村

子依山而建，教堂建在最高處，可俯瞰全村，村內遍植花木，景色十分優美。雖有四百多人聚居，四下卻靜悄悄的，看不到人影。

村長李芬蘭說，村民有七成是從復興鄉遷移過來的，因為大同鄉地勢平坦，氣候溫暖，可種水稻，也比較適合居住。五十多年前，他父親和很多親朋好友即陸續遷移來此。早年村民以種稻、打獵為生，後來發生二次大水災，把稻田都沖走了。六十五年間，他們改種香菇，由於經濟價值較高，大家的收入也增加了。

但不到十年間，種香菇的樹頭被砍光，菌的成本又大幅提高，香菇已沒人種了。人口便大量外流，到都市打零工。直到八十二年，南山、四季成立了高冷蔬菜專業區，需要大量人力，人口才又回流，但沒有其他收入，村民的日子還是過得很辛苦。

近年來英士村正積極地發展觀光，像芃芃野溪溫泉、排骨溪、觀光果園及部落人文區。每年五月，是桃子出產的旺季，前來摘果的遊客日增。李村長更與部落大學結合，開設婦女編織、舞蹈及母語教學，希望能振興泰雅族的傳統文化，村民參與的意願都很高，讓李村長充滿了幹勁，希望文化也能成為觀光資源。

松羅村境內有松羅湖、松羅溪等天然美景，沿著松羅溪還闢有松羅國家步道。近年來推動的玉蘭休閒農業區，成功地打造出「玉蘭茶」的品牌，村內一片翠綠的茶園，製茶廠林立，還有十餘家茶園改建的民宿，景致優美如畫，空氣中飄浮著濃郁的茶香，已成了大同鄉新興的旅遊景點。

崙埤村內有鄉公所、國小、教堂、以及泰雅生活館和泰雅工

松羅國家步道的索橋走
起來十分驚險，喜愛探
險者樂此不疲。
《中國時報》資料照片，何焜耀攝

　　藝坊，各種設施齊全。公所前方的泰雅大橋橫跨蘭陽溪上，通往三
星及羅東，全長一千多公尺，因此這兒既是大同鄉的行政、文化中
心，也是交通、觀光的樞紐。

　　鄉公所的祕書謝本源今年五十七歲，在公所服務的時間已長
達三十四年，鄉內的歷史發展和各項建設，無不了然於胸，可說是
大同鄉的萬事通。他的祖父謝清海世居巴陵的深山，一百多年前為
了狩獵，沿著山稜線走了七、八天下到平地，因這兒的野獸較多，

也有水田可耕種，便定居下來，並引族人相繼遷移來此聚居，成為今日的崙埤村。

早年蘭陽溪的溪水湍急，村民渡河時常被溪水沖走，他父親謝青山有一次到溪邊拾柴，即不慎失足而被沖走，那年他才七歲。有了這個悲慘的教訓，他一直希望能在蘭陽溪興建一座橋樑，以保障村民的安全。泰雅大橋就是他積極向上級爭取建成的，總經費二億元，八十六年九月的通車典禮，就是他主辦的，總算可以告慰他父親在天之靈。

他說，以前村人都得走到天送埤搭車，或者走到樂水村，搭太平山的森林火車，才能到羅東，來回都得花上一天的時間，非常不便。直到北宜公路通車後，才有車子到宜蘭，從此改變了他們孤立的生活圈，生活及經濟的情況才有所改善，崙埤村也才有今天的規模和面貌。

離開大同鄉，台七線一路向北，經員山到宜蘭，再延伸到壯圍鄉沿海的公館，即走完了全程。一闋雄渾壯闊、高潮迭起的高山公路交響曲，至此戛然而止，歷史的影像幾經迴旋，也從發黃的扉頁，回復到當下喧鬧的市街場景。

音沉響絕，我們只能揮揮手，說一聲：再見，台七線。走完它，我們彷彿見證了北台灣這頁百年的交通開發史，也重溫了這段豐富而多元的文化發展史。走過它，歷史已翻開了新頁。

九十六年三月完稿

中部橫貫公路（台八線）地圖

中橫主線及支線
國家公園界線
中斷道路
河川

風景區
山脈
市區鄉鎮
地名

桃園縣
台北縣
新竹縣
宜蘭縣
苗栗縣
台中縣
雪霸國家公園
太魯閣國家公園
南投縣
花蓮縣

斷裂的綠色長虹
中部橫貫公路（台八線）

　　站在公路總局谷關工務段往外望，眼前盡是一座座巍峨的山峰，從大甲溪的沿岸拔地而起，高聳入雲，綿延成一幅巨大的屏風，遮住了絕大部分的天空，而大甲溪就從它們的山腳下蜿蜒地流過。

　　寬闊的河床裸露出空蕩蕩的一片荒野，除了到處堆積的砂石和雜草之外，別無他物，僅在中央的河道上奔流著一道湍急的溪水，在盛夏的陽光照耀下，仍顯得汙濁不堪。連那陽光經過深山溪壑的篩濾，都顯得十分的幽暗。整個溪谷依舊籠罩在水患摧殘過後的陰影之中，令人感受到大自然的無常與險惡。

　　將近八年了，自從九二一大地震後即封閉的中部橫貫公路，至今依然無法暢通，主要的原因即卡在谷關到德基這段路。因歷次颱風水災肆虐，坍塌嚴重，路基流失，經多年搶修，仍未能打通，使得這條橫貫中台灣的交通大動脈為之中斷。

　　一斷就是八年，原本繁華一時的梨山，也從產銷高級水果的重鎮，一夕之間淪為市場的棄兒，從此一蹶不起。八年來對外的交通，或北上走北宜支線，或南下走霧社供應線，經埔里與外界聯繫，必須多耗費五、六個小時的車程，沿線的產業失去了原有的競

中橫通往谷關段，因連續遭到颱風侵襲而中斷，沿路滿目瘡痍，險象環生。

《中國時報》資料照片，陳世宗攝

爭力，當地居民的生計也面臨了難以為繼的窘境。

梨山的沒落，是顯而易見的事實，影響所及，更是區域性的經濟蕭條。包括中橫的起點東勢在內的新社、石岡、和平四個「山城」，經濟不景氣加上人口外移，八年下來，市況一年不如一年。

居民們眼看中橫通車遙遙無期，地方產業也無法轉型或提升，對於未來無不憂心忡忡，便有人出面籌組「中橫復建協會」，提出了恢復中橫通車的主張，並在地方引起熱烈的迴響。

梨山的興起與沒落

九十六年五月十六日，「中橫復建協會」在東勢鎮成立，該會義工陳德祥曾任兩屆和平鄉鄉長，基層實力雄厚，他一馬當先，登高一呼，山城各鄉鎮立刻群起響應。兩個多月來，在該協會積極奔走、造勢之下，引起媒體及中央民代的關注，並獲得地方熱烈的迴響，已形成一股可觀的力量。

陳德祥今年七十二歲，出生在環山的原住民部落。民國四十一年初中畢業那年，他從谷關走到和平鄉，二十多公里的山路，千折百迴，崎嶇不堪，花了一整天的時間。但四十九年中部橫貫公路通車時，他正在空軍服役，從台中搭車回環山部落，公路局的班車一路疾馳，不到半天就回到了老家。

中部橫貫公路的開通，是梨山一帶的部落劃時代的大事，當地的原住民隨著輔導會在自己的保留地上種植蘋果、水蜜桃和二十世紀梨等高級水果。不到十年時間，果樹茂密成林，梨山也呈現出一番欣欣向榮的榮景，造就了梨山的黃金時代，並贏得了「水果王國」的美稱。

那種榮景，陳德祥曾親身經歷過，誠如他所說，幾乎每戶人家都有一部轎車，一部貨車，家裡的冰箱和電視都是高檔貨。這番

梨山的果農無利可圖，近年來已陸續離開，前往谷關一帶的溫泉飯店當園藝工。

榮景持續了十多年，直到民國六十八年開放蘋果進口後，梨山才開始沒落。

陳德祥這樣形容，假如開放蘋果進口對梨山是霜害，那麼中橫封路便是雪災了。雪上加霜的結果，梨山一帶的果農只能勒緊褲帶過日子。即使在水果盛產期的六、七月間，每天早上他們從家裡搬了一百斤的水果到梨山賓館前的市場擺攤，到了晚上搬回家的也是一百斤，意思是一斤也賣不掉。

沒有遊客，市場買氣不振，他們終年辛勤，卻都是在做白工。來自外地的果農或包商，眼看入不敷出或無利可圖，二、三年來已陸續離開，回到平地另謀出路。

恢復中橫通車的訴求

影響所及，梨山周邊的旅館、餐廳等觀光旅遊業也是門可羅雀，產業已經沒有了，只剩下無處可去的原住民住在裡頭，靠過去的積蓄勉強渡日。一邊苦候中橫復建後，或許還能給他們帶來一線生機。

和平鄉甜柿產銷班班長魏松森和副班長張壯檜，在烏石村各自擁有一座二甲多的果園，因為海拔高，他們所種的甜柿甜又脆，廣受市場歡迎。但中橫的交通中斷之後，由於進出不便，運輸成本增加，價格不斷下跌，每年的總收入比以往少了三成。

魏松森和張壯檜都是東勢鎮人，想起中橫開通後那幾年，果菜市場和夜市總是擠滿了人潮，每逢週末更有許多外地的遊客前來遊覽，居民只要開家雜貨店，或隨便擺個水果攤，生活都可以過得很好。但九二一之後，人口已從七萬人降到四萬人，市井一片蕭條，晚上八點之後，商店一打烊，街上便少有人影了。

除了生活、生計及財產受到影響外，當地居民的生命及醫療環境也備受威脅。今年四月一位住在佳陽部落的老榮民，在山坡上開搬運車時不慎翻覆，傷勢頗為嚴重，埔里及東勢的醫院都不敢收，連夜送到台中榮總時已拖延了四個多小時，差點連一條老命也保不住。

和平鄉鄉長陳斐晏、同時也兼任復建協會理事長，談起鄉民所受的待遇，就有一肚子的苦水。她說，老百姓應有基本的生存權

利，七百多年前原住民就在梨山一帶生活，好不容易中橫開通後，才改善了他們的生活，卻又因九二一地震而遭到封山斷路的命運，使他們幾乎難以為生。因此他們強烈提出中橫復建的訴求，為的就是要政府還給他們一個生存的環境。

其實早在今年二月，她就邀孔文吉、徐中雄二位立法委員，及行政院中部辦公室執行長林豐喜等人，到谷關及德基段之間的坍塌處探勘。公路總局評估，打通這處坍塌，需要六點九億的經費；但是否執行，尚需報請行政院核准。

歷經九二一大地震和「七二水災」後，中橫梨山聯外道路已柔腸寸斷，再也無法通行，封山乃是無可奈何的選擇。　　　　　《中國時報》資料照片，劉子正攝

魂斷光明橋

在公路總局谷關工務段段長張明欽的辦公室裡，掛著一張放大的轄區地圖，清楚地標示著重要景點的位置和相距的里程數目，其中尤以青山至德基段之間標示的最為清楚。這個路段的距離為十六公里，距青山二點四公里處，即是光明橋的所在地。

張段長十分年輕，鼻樑上架著一付眼鏡，透露著一分書卷氣，卻有坐鎮第一線工程主管的精明與幹練。民國八十七年時他被調到谷關工務段擔任副段長，此後十年一直長駐於此，負責處理復建工程，與中橫成了名副其實的命運共同體。

張段長回憶說，民國八十八年九二一大地震時，中橫也受到重創，多處路段嚴重坍方而被迫封閉。但在工程人員全力趕工之下，以臨時便道開通，翌年一月中旬即全線搶通，但同年五月十七日，德基發生規模五點六級的地震，在當地釋放出的能量比九二一地震還大，受創的坡面多達十一處。

地震發生後，工程人員前往梨山搶修，有一部工程車在谷關電廠附近被落石擊中，其中一位工程人員當場罹難，搜救人員步行了四公里才抵達現場，已回天乏術，使得工務段的士氣大受影響。

由於災情嚴重，加上有工程人員罹難，便有學者專家建議暫緩復建，並引日本阪神大地震為例，經歷過七級地震後，公路邊坡需要三十年才能復育。當時台中縣長廖永來順應此呼聲，便對外宣布中橫將暫時封路，好讓大地休養生息，早日恢復生機。

九十一、二年間，地方要求開放區域性通車的呼聲愈來愈高，公路總局考慮邊坡仍不穩定，風速過大時仍有落石之虞，只同意該路段以便道通行，而不開放觀光，中橫乃成為區域性公路。

九十三年六月，谷關工務段完成了路面鋪設，也完成了排水系統和擋土牆，萬事齊備，原本七月要對外宣布通車，誰知七月二日又遇上「敏督利」颱風來襲，強風豪雨把邊坡的土石全部沖入大甲溪，造成河床高過路面的奇特現象。八月，「艾莉」颱風接踵而至，殘存的路基全被沖毀，谷關對外的交通全部中斷，公路總局不得不對外宣布中部橫貫公路正式中斷。

如今三年又過去了，其間台電曾以堆積的砂石回填公路的缺口，日積月累，如今只剩下光明橋下五公里的坍塌尚待處理。

張段長說，這五公里路段沒做邊坡，也沒做排水系統，其中有二公里只是河床便道，完全沒有路基。他最擔心的是邊坡落石對車輛及行人的威脅，尤其有上次同仁罹難的慘痛教訓，讓他對居民開放便道的要求更是謹慎，深怕重蹈覆轍。即使中央同意「中橫復建協會」的訴求，這五公里的工程，從設計、發包到施工完成，最快也要二年的時間。因此「中橫復建協會」的訴求，在他看來，短期內並不容易達成。

復建與保育的拉鋸

谷關是著名的溫泉鄉，因山高水長，風景秀麗，而成為中部橫貫公路上重要的景點。山腰水湄，各式各樣的溫泉旅社、飯店林

谷關是著名的溫泉休憩地，具有濃厚東洋溫泉鄉的風情。

立，往來中橫的旅客都會以此為休息站，因此遊客終年不絕，帶動
了當地的商機。

　　但九二一大地震之後，一連串的天災像一場沒有止盡的噩
夢，不斷降臨這個狹小的谷地，原本的好山好水飽受摧殘，八年
之後，到處仍可看到洪水留下來的痕跡。它雖然不像梨山一樣被孤
立，但中橫交通中斷迄今，也使它難以恢復全盛時期的光彩。

　　谷關溫泉大飯店是當地業界的老字號，從民國五十六年的谷

關旅社，到七十一年的谷關飯店，一路發展起來，如今已成為一家最具特色的休閒飯店。

該飯店副總經理劉家熾，同時兼任谷關社區發展協會理事長，長年關注地方的發展。他認為谷關雖然受創嚴重，但復原得也快；反而是媒體記者一再報導谷關淹水的新聞，讓遊客裹足不前。「敏督利」颱風過後一整年，遊客寥寥無幾，當地十五家旅館業者都在吃老本，他也必須向銀行貸款來付員工的薪水。

幸好業者十分團結，都能與社區發展協會配合，致力於大環境的改善，協助疏浚河流，改善聯外道路，目前大環境已恢復了舊觀，客源也回流至九二一之前的水準。但劉副總仍盼望中橫能早日恢復通車，只要這任督二脈一打通，谷關的旅遊業必能蓬勃發展，再創高峰。

從東勢到谷關，只有三十四公里，中橫沿著大甲溪蜿蜒入山，經和平鄉低緩的丘陵地直上二、三千公尺的高山。峰迴路轉，甫過谷關，就卡在光明橋，這座橋下的坍塌雖只有五公里，卻成了中橫通車最具關鍵性的障礙，也是主張讓山林休養生息者的利器。兩方面的拉鋸從來沒有停過，而且隨著「中橫復建協會」的強力運作而愈繃愈緊。

儘管當地居民和業者的處境令人同情，要求中橫復建的訴求也獲得地方的迴響，但關心這個問題的社會大眾若驅車來到這兒，面對眼前破碎的山河和斷裂的公路，大概都會支持封山的主張，讓大地休養生息，才是當前第一要務。何況中橫通車與否，事關國計

民生，已非一時一地的人所能決定，而成為國土保育和永續經營的思考層次和國家的環境政策。

清境農場與民宿的崛起

中橫台八線的中斷，雖然造成梨山以下沿線居民交通的不便和產業的沒落，但卻意外地造成霧社供應線，也就是俗稱的台十四甲線沿線觀光景點的崛起。最明顯的例子，就是清境農場及其周遭的民宿，已取代了昔日的梨山和福壽山農場，成為中橫遊客的新寵。

台十四甲從霧社經鳶峰、昆陽接上大禹嶺後，再回到中橫台八線主線，全長四十一點七公里。沿線有莫那魯道紀念碑、碧湖及盧山溫泉等觀光景點，再往上八公里，就到了清境農場。

民國五十年，也就是中部橫貫公路通車後的第二年，一群原

盧山溫泉區因洪災，飽受土石流和淹水之苦。大自然的力量，令人望而生怯。
《中國時報》資料照片，沈揮勝攝

本在大陸滇緬邊疆打游擊的異域孤軍及其眷屬二百多人，以義民的身分撤退來台，輔導會為安置他們，特別在此成立「台灣見晴榮民農場」，讓他們耕種維生。

農場位於海拔二千公尺左右的山區，擁有大片的草原，視野開闊，空氣清新，氣候怡人，經過榮民辛勤地開墾，環境變得更為清靜、幽雅，乃於五十六年改名為「清境農場」。

民國八十一年，政府推動土地放領，榮民義胞開始自力更生，許多嚮往田園生活的平地人也聞風上來，在青青草原上蓋起充滿歐式風情的農莊，塑造了優質的民宿環境，吸引了許多喜愛大自然的遊客前來遊覽、住宿，清境農場也逐漸從農村經濟轉型為觀光產業。

九二一大地震後，清境農場對外交通全部中斷，整整九個月的時間，沒有遊客上山，幸好農場的損害並不嚴重，到了隔年暑假時，陸續有旅客上山了。但清境農場真正走出震災的陰影，取代梨山成為中橫最熱門的旅遊景點，是在民國九十年，當地民宿業者成立「清境觀光發展促進會」之後。由促進會統一掌握訂房的狀況，並負責環境的維護。

過度開發與環境的破壞

九十年，他們首先推出「清境一夏擺夷火把節」，將滇緬邊境少數民族的民俗節慶搬上舞台，吸引了電視台爭相報導，引爆首波的觀光熱潮。一年下來，總共吸引了六十萬的人潮上山觀賞。

第二年舉辦時遊客突破一百萬大關,九十三年時甚至達到二百二十萬人次。平均每天上山的人數高達六千人,大大小小的車輛把台十四甲線擠得水洩不通,影響所及,連埔里、霧社的商家都賺翻了。

由於成長太過快速,許多生意人看到了這兒的商機,便紛紛上山投資民宿。二、三年之間,各式各樣的民宿像雨後春筍般地冒出來,已暴增至一百二十多家。

民宿業者劉祥任說,九十二年後進來的業者,大多是生意人,經營的理念與促進會不盡相同。因此房子雖愈蓋愈大、愈豪華,住宿費也高過五星級大飯店,但對水土保持卻不甚重視,而被媒體批評為「清境農場已不再清靜」,各種負面的報導也時有所聞。

或許受媒體報導的影響,也或許大環境不佳,今年上半年各家業者的業績平均掉了三成。老牌的民宿業者「五里坡品味生活家」的老板陳添明分析說,今年高鐵通車後,遊客逐漸養成了一日遊的旅遊型態,同時全省各風景區都非常重視整體行銷,業者單打獨鬥已難以匹敵。

促進會為了扭轉這股頹勢,重新吸引遊客,今年改推「清境風車節」,在統一超商及關山牧區的入口樹立了二個大風車,每家業者也都配合在各自的民宿裝飾小風車,以廣招徠。

但也有些小型的民宿業者,以家庭式的待客方式,提供親切的服務為訴求,業績反而逆勢上漲。像前年才開幕的「清境峰情人文民宿」,在主人劉珏岑用心地規劃和經營之下,每個房間都有窗

清境農場擁有大片的草原，視野開闊，環境幽雅，
吸引了眾多喜愛大自然的遊客來此遊覽。

台和陽台,並提供早餐和晚餐,還可和主人一齊用餐,讓遊客有賓至如歸之感,真正融入主人的山居生活之中,已享有一定的口碑,許多遊客都是慕名而來,即使不是週末,也經常客滿。

發展生態旅遊與有機農業

面對過度開發所導致的環境破壞和業績衰退的問題,業者普遍都有危機感,再加上財團進駐後,促進會的影響力已大不如前,連會員也難以建立共識,很難再發揮過去共同經營管理的功能。

行政院輔導會第四處處長王崇林認為,清境農場一定要發展生態旅遊與有機農業,才有可能突破瓶頸,永續發展。他曾任清境農場場長五年,很多民宿業者至今仍感謝他當年給予的協助。

王處長表示,輔導會早年在中橫沿線開農場,種蔬菜,是為了供應開路官兵的飲食需要,後來引進高山水果,也是不想與民爭利。但後來的發展卻造成了破壞山林生態的事實,迭遭各界批評。這幾年來,包括福壽山、武陵及清境等農場,都已不再種菜或栽水果,而收回造林,或改為觀摩教學之用,就是要讓土地復育,防止繼續遭到破壞。

王處長是過來人,他說,清境農場的交通運輸及停車場都已飽和,台十四甲線不可能再拓寬。此外,水資源不足、水質不好,也是個大問題。受限於這二個因素,遊客人數其實已到了極限,不可能再盲目的成長。但場區內豐富的動植物、昆蟲及鳥類資源,卻可以大力發展生態旅遊與有機農業。

清境農場的前身是馬場，後來又養乳牛及綿羊，雖不具經濟價值，卻是發展生態旅遊與有機農業的絕佳環境。王處長語重心長地表示，業者必須及早建立共識，並結合民間公益團體，走有機路線。一方面提供安全合格的農產品，一方面保留生態環境，才能永續經營。假如不知變通，現有的資源很快就會消耗殆盡，而重蹈梨山的覆轍。

中橫健行隊的青春隊伍

從清境農場往上走，便進入合歡山區，公路一路盤旋上山，經昆陽、武嶺，而達大禹嶺，其中武嶺是台灣公路的最高點，海拔三千二百七十五公尺。兩旁盡是蒼翠的森林，海拔三千公尺以上的山峰林立，氣勢雄偉，令人眼界大開。只有身歷其境，才能體會當年榮民開路的艱辛困苦，因為當時缺乏大型的機具，大部分的工程都是用人力完成的。

大禹嶺標高二千六百公尺，冬天常飄雪，附近的松雪樓是台灣早年滑雪的勝地，每年冬天總有許多遊客來這兒賞雪、滑雪。但最熱門的，則是每年寒、暑假救國團舉辦的中橫健行隊，也是以此為出發點，一路走到天祥。那壯盛的隊伍，散發著年輕人的朝氣與活力，走在千山萬壑中所引起的迴響，已成了三、四、五年級生共同的記憶。

這些記憶是關原、碧綠、慈恩、新白楊、洛韶、西寶、天祥這幾個地名所組成的，因為它們就是健行隊中途休息或晚上住宿的地

方。白天時大夥兒氣喘吁吁地揮汗趕路，晚上則在團康活動中盡情地歡笑，或痛苦不堪地拿針刺腳趾頭上的水泡。七天六夜的行程走下來，原本少不更事的年輕人，彷彿脫胎換骨般地都長大了，中橫的好山好水，就這麼鐫刻在每個健行者的記憶中，永難忘懷。

救國團天祥青年活動中心業務組組長王邦正回憶說，中橫健行隊從五十四年開始舉辦，原是中橫公路工程探訪營隊，由各大專院校推派學生參加。結果大受歡迎，以後每年寒、暑假都舉辦。營隊及參加的人數也逐年增加，到了八十年間達到最高峰，共辦了五十個梯次，參加的學員逾萬人。但仍有人向隅，可見當時的情況是多麼地熱烈，參加的人又是何等地踴躍！

可是民國八十年後，這股熱潮就逐漸冷卻了，到八十四年時，甚至連起碼的營隊都組不成，救國團眼看大勢已去，便在八十五年停辦。走過發光發熱的三十個寒暑，中橫健行隊終於走入歷史。

王組長分析說，時代變了，年輕人的興趣與休閒活動也改變了。過去農業社會較封閉，沒什麼娛樂，年輕人只好出來找朋友。像中橫健行隊這種需要長時間相處的營隊，強調同甘苦、共患難的精神，比較能交到知心的朋友（包括異性朋友），所以令年輕人趨之若鶩。

反之，在現代社會，年輕人能滿足自我的選擇很多，不必參加團體活動，日子也能過得很充實；加上不能吃苦，視登山健行為畏途，難怪昔日搶破頭的中橫健行隊，三十年之間會煙消雲散，成為絕響。

唯一還可看到的，便是自行車隊了。沿路不時可看到年輕人騎著單車疾馳而過，或停在路邊喘息，但都是零零星星地、三三兩兩地，再也看不到健行隊雄壯、威武的隊伍了。

太魯閣國家公園的成立

　　從天祥到太魯閣，中部橫貫公路已進入尾聲了，假如這是一闋交響樂，這段太魯閣組曲，必然是令人驚心動魄，壯麗至極的最後樂章。

　　天祥距太魯閣約二十公里，立霧溪流貫其間，經過千百年來溪水的沖刷侵蝕，形成了舉世罕見的太魯閣峽谷。兩岸崇山峻嶺，處處懸崖峭壁，地形極為陡峭險峻。當年開鑿公路時，可謂鬼斧神工，不知犧牲了多少工程人員的性命，才能在堅硬的大理石山壁上

太魯閣國家公園內的綠水步道曲徑通幽，最能一探它的神祕。　　　　　　林茂耀攝

救國團舉辦的中橫健行隊曾吸引了許多年輕學生參加，卻在民國八十五年停辦。如今年輕人只能在太魯閣仰望天際，活力已大不如前。

林茂耀攝

鑿出這條公路。

　　而沿線的著名景點，像綠水、合流、九曲洞、燕子口等，蘊藏在這片曲折幽邃的峽谷之中，更是步步驚魂，柳暗花明，為這闋大自然的樂章，譜下了最磅礴、壯闊的休止符。遊客來到這兒，面對大自然的神奇和造物主的傑作，大概只能嘆為觀止了。太魯閣國家公園在民國七十五年成立，就是為了保護這塊珍貴的大自然資產，免於遭到不當的開發和破壞。

　　太魯閣國家公園管理處解說員林茂耀說，依照國家公園法分區管理的規定，生態保護區、特別保護區與遊憩區是不一樣的，前二者是為了保護野生動物或珍貴的地質、地形、景觀及生態，連人都不可以隨意進出；只有遊憩區內可以蓋公共設施或民宿。太魯閣國家公園成立之後，首要的任務是要求轄區內放慢開發的腳步，並力圖恢復原狀。

　　他認為，梨山及清境農場都是中海拔地帶，原本應是一片茂密的針葉與闊葉混合的原始林，野生動物最多，生物多樣性也最豐富。但是中部橫貫公路通車後，梨山開始種水果，清境農場開始蓋民宿，人為的破壞愈來愈劇烈，假如提早規劃為國家公園，以上的開發行為都可以依法制止，台灣中部的高山就不會淪為今天這種千瘡百孔的模樣了。

打破人定勝天的迷思

　　他並舉興建中部橫貫公路為例，不管是出於國防或經濟上的

考量，都是四、五〇年代舊思維下的產物。一方面認為人定勝天，再艱鉅的開發工程都可以憑人為的技術或力量克服；再來則是大自然的資源是要為人們使用的，不善加利用，是暴殄天物。

直到七〇年代十大建設完成之後，因發展工業帶來的汙染，國人才驚覺環境保育的重要，而產生環保意識。因此批評中部橫貫公路的興建，是破壞中台灣山林生態的殺手，並不公平。

林茂耀的結論是，從中部橫貫公路的身上，我們可以看到不同時期人們對待環境的不同觀點。即使同樣是修築高山公路，中部橫貫公路是用人力和簡易機具施工的，到了興建新中橫乃至晚近的雪山隧道時，已經大量使用大型的機具和威力強大的爆破了，這對大地的傷害當然有程度上的區別。相較之下，中部橫貫公路又接近現在所說的生態工法了。

不管有何差別，中部橫貫公路對中台灣山林生態的破壞，卻是有目共睹的事實，人定勝天的迷思，也不敵歷年來颱風水災的考驗，最後終因九二一大地震導致封山斷路的結局，不啻是這句名言最大的諷刺。

發展山林生態遊憩道路

太魯閣國家公園管理處副處長游登良，本身就是生態學者。據他長期觀察的結果，認為中部橫貫公路是台灣地質及生態的縮影，且蘊涵了豐富的住民文化。沿線經過熱帶、亞熱帶、溫帶、寒帶等不同的氣候環境，造就出多元且繁複的林相。從闊葉林、針闊

葉混合林、針葉林到高山草原都有，因此形成歧異且繁雜的動物棲息環境，從而孕育了種類及數量都非常可觀的動物，成為一座蘊藏豐富的大自然生態博物館，也是一座生態觀察的樂園。

在人文史蹟方面，更是淵遠流長。早在石器時代，太魯閣地區就有人類活動，屬卑南和巨石文化的史前住民，接著又有平埔族移入。二、三百年前泰雅族人越過中央山脈進入太魯閣地區，趕走平埔族後，成為本地的主要住民。日治時代日人強迫泰雅族人遷徙下山，中部橫貫公路興建時許多榮民落腳於此，成為太魯閣的新移民。

如此豐富多元的住民文化與部落遺蹟，與雄偉壯麗的自然景觀結合在一起，已成了台灣最具代表性的觀光勝地。因此游副處長認為，中部橫貫公路應重新定位為「山林生態遊憩道路」，將沿線的山林當作台灣東西二側城市重要的水源涵養和野生動物的保護區，配合東側太魯閣國家公園的保育與遊憩發展，打造一條國家級的景觀道路，才是它未來發展的願景。

這樣的願景的前提是，停止一切人為的開發和破壞，而最有效的方法便是封山，讓凋敝的山林休養生息，破碎的大地恢復生機，那麼它目前的斷裂，卻是再生的契機。眼前的紛紛擾擾，終究會靜止下來。若干年後，山林生態遊憩道路重新開放，中部橫貫公路將成為一道綠色的長虹，橫跨台灣中部兩側；充滿生機，卻又寧靜安詳。

九十六年十月完稿

洄游大甲溪
鮭魚、電廠與客家聚落探源

時間對一條河流來說，其實並沒有多大的意義，尤其像大甲溪這條在台灣屬於天王級的大河，幾乎等同於一部台灣的自然史。既無法推算其起源於何時？亦不知其將終止於何時？

可是因為櫻花鉤吻鮭(Oncorchynchus masou formosanus)的存在，使得大甲溪的歷史有了意義，時間也有了推估的依據；甚至這兒還

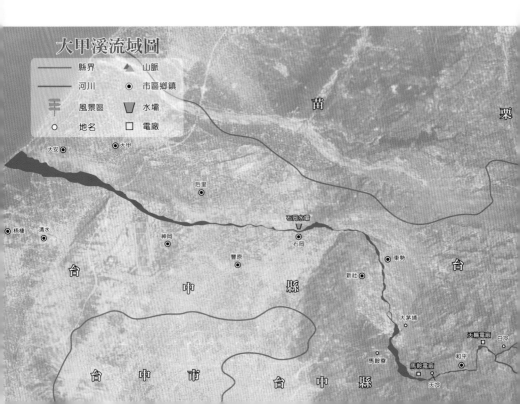

隱藏著一段地殼變動與河川變遷的祕密，只要追蹤櫻花鉤吻鮭的蹤跡，便可揭開這段盤古開天的上古史。

想像在洪荒的年代，地殼尚未隆起，大陸與台灣是連接在一起的，那時的大甲溪很可能是一條寬廣的河流，有充沛的水流可供鮭魚完成溯水洄游。後來台灣經過多次的造山運動，原來的地形變得面目全非，每年經過大甲溪來回大海一趟的鮭魚，就被困在大甲溪裡，出不了大海，而成為陸封性的鮭魚。

櫻花鉤吻鮭的身世之謎

這絕非無稽的想像，而是有科學依據的事實。根據地質及生物學家的推論，十萬年以前，因為大陸板塊運動和河川變遷，使得

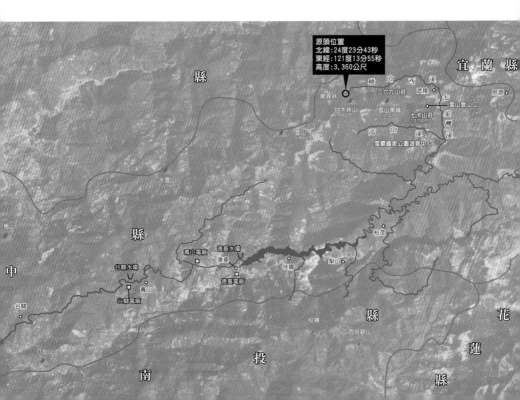

台灣國寶魚櫻花鉤吻鮭悠游在清澈的溪水中。 《中國時報》資料照片，鄧木卿攝

北方洄游型的櫻花鉤吻鮭被阻隔在台灣的大甲溪上游，演化成台灣特有亞種的陸封型鮭魚，也使台灣成為溫帶鮭科魚類分布最南端的亞熱帶國家。

因此大甲溪的歷史，至少可上推至十萬年前。那時的大甲溪水質清澈，湍急的河水中有高度的含氧量，在海拔一千八百公尺的高山上，水溫常年保持在攝氏十六度以下，此種地形與氣候最適合櫻花鉤吻鮭的生存。牠們自在地悠游其間，並繁衍到現在。

在文獻上，櫻花鉤吻鮭最早被發現的紀錄是在民國六年，當時台灣總督府的技士青木糾雄，請友人津崎警員在撒拉矛社（即現在的梨山）附近大甲溪上游代為採集標本，並將這項發現告訴正在

美國史丹佛大學研究的大島正滿，大島和魚類學大師喬丹博士認為這是魚類學上珍貴的發現，乃命名為台灣鱒(Salmo formosanus)，從此打開了櫻花鉤吻鮭的國際知名度。

此外，櫻花鉤吻鮭也是梨山與環山部落一帶的泰雅族人所熟悉的魚類，在環山部落傳唱的民謠中，常提到在大甲溪中發現鱒魚的身影。

鮭魚是一種洄游性的魚類，雄鮭魚和雌鮭魚會由大海溯溪回到牠們出生的河川上游去繁殖；小鮭魚出生之後，則順著河流回到大海去。而產卵後的鮭魚會一直留在上游的故鄉，直到死去。鮭魚回到大海之後就不知去向，一直要等到繁殖期，才又成群結隊地溯著溪水往上游，游回當初出生的溪流上游產卵。

鮭魚是溫帶的魚類，而台灣是屬於亞熱帶的氣候，本來就不適合鮭魚生存，但是櫻花鉤吻鮭為何會出現在大甲溪上游呢？在中橫公路沿線，我們可以發現路旁的岩壁是屬於沙岩，證實了至少在十萬年前，這兒是沉在海底的。

拜訪櫻花鉤吻鮭的故鄉

大甲溪的發源地，大多認為位於大雪山及南湖大山的山麓，或者位於中央山脈的次高山下，唯多語焉不詳，無法列出確切的位置。台大地理系退休教授，也是國內知名的地理學者張石角說，有關河流源頭的問題，應該以河系中最長支流的源頭為本。

以大甲溪為例，在諸多的支流中，如有勝溪、司界蘭溪、七

櫻花鉤吻鮭的家園——武陵農場中的七家灣溪。

《中國時報》資料照片，劉宗龍攝

家灣溪以及南湖溪等，其中以七家灣溪最長，我們便以七家灣溪的源頭做為目標，展開了一趟大甲溪的探源之旅。事實上，在追溯七家灣溪源頭的同時，我們不就像一群溯溪而上的櫻花鉤吻鮭，在尋訪自己的故鄉嗎？

七家灣溪流過武陵農場時，流水淙淙，清澈見底，河床也大為開闊，已成為武陵農場著名的風景區之一，一般人也都知道此地就是櫻花鉤吻鮭的故鄉。但真正臨溪俯瞰，想在溪水中看到櫻花鉤吻鮭的身影者，恐怕都要失望了，真正看過牠們的遊客恐怕少之又少。

其實，台灣櫻花鉤吻鮭不僅貴為台灣國寶，同時也是世界矚目的孑遺物種。可是在三、四〇年代，因保育觀念尚未啟蒙，隨著中部橫貫公路的開通，大梨山地區開墾農作，德基水庫及攔沙壩的興建等人為的開發，所帶來的生態環境破壞，使得櫻花鉤吻鮭的數量急遽下降，一度面臨滅絕的危機。

搶救國寶魚

民國八十一年雪霸國家公園成立後，為了避免台灣的國寶魚在世界上消失，推出了多項的保育策略。經過十六年來的努力，台灣鮭魚族群數量已經穩定並且逐漸成長，目前約有二千尾。但根據民間保育團體的估計，近年來每次颱風來襲，櫻花鉤吻鮭死亡的數字都十分可觀，官方發布的數字並不十分可靠。

雪霸國家公園管理處技士廖林彥說，為了解決這些問題，將台灣鮭魚的保育工作推展到另一個里程碑，經過多年籌畫，「台灣

櫻花鉤吻鮭生態中心」終於在去年三月開幕啟用，並由他兼任中心主任。硬體設施包含展示館、研究室、種源庫及戶外生態區，涵蓋環境教育、研究工作及種源保存三大功能。

廖主任因此開玩笑地說，台灣櫻花鉤吻鮭有二個家。一個家在野外溪流，稱為「七家灣溪」。一個家在養殖場內，叫作「台灣鮭魚生態中心」。野外那個家本來很大，但因人為的開發因素變得越來越小，也越來越不適合生存。相反地，養殖場的那個家卻越來越大，等小鮭魚長大通過測試之後，才野放回到野外那個家。

由此可知，台灣鮭魚其實是環境最具體的指標，當牠們生長良好，顯示環境不錯；若生長不好甚至滅絕，表示環境已經不適合鮭魚生存了。大甲溪是大台中地區民眾主要飲用水的來源，若早我們十萬年前來到台灣的鮭魚都無法在其中生存，那麼水質汙染的嚴重程度，便不言可喻了。

目前該中心最重要的任務，就是擴展台灣櫻花鉤吻鮭生存的空間，讓牠們游出七家灣溪。因此每年都會放流養殖族群數百至數千尾，到歷史上牠們曾經出現的溪流，希望放流的鮭魚能在那兒產卵。一旦播了種，牠們就會不斷地向四周拓展、生長。讓民眾到七家灣溪以外的溪流遊覽時，也能看到我們的國寶魚，自在地在清澈的流水中悠游，那該是多麼令人振奮且豔羨的畫面。

淒風苦雨攀上哭坡

武陵農場已屬雪霸國家公園。新春正月，滿園的桃、李、櫻花

新春正月，武陵農場滿園的桃、李花盛開，落英繽紛，美不勝收。　《中國時報》資料照片，林淳華攝

盛開，紅白相間，落英繽紛，美不勝收。但我們無心觀賞，直接把車子開上雪山的登山口，往七家灣溪的源頭出發。

　　不料這時天空突然下起雨來，而且愈下愈大，大家連忙又把雨衣穿上，全身包得密不透風，走不到半小時即汗流浹背，全身悶熱得不得了，卻又不能脫下衣服，真是苦不堪言。二公里的山路，

卻走了二個小時才到達七卡山莊，這是我們今晚的歇腳地。外觀雖然十分簡陋，但仍有廚廁等設備，在二千公尺的高山上能有這樣的棲身之所，已是登山客心目中的天堂了。

我們連忙將溼透的衣物換下之後，全身才稍感舒服。嚮導很快做好晚餐，我們便圍著一張方桌吃將起來。雖是極簡單的飯菜，大家還是吃得津津有味。飯後四周一片漆黑，也無法洗澡，大家繼續圍著方桌閒聊，勉強撐至八點半便各自去睡覺。我全身縮在睡袋裡，似睡未睡，咳嗽不斷，一整晚都睡得不舒服，山上的第一夜便這麼痛苦地熬過去了。

第二天七點半，大家用過早餐，就揹上沉甸甸的背包出發了。有了昨天包得密不透風的慘痛經驗，今早我裡頭只穿一件排汗衫，外加一件夾克，套上毛線帽，走起路來就不那麼難受了。

但是今天的行程是此行最艱難的一段，共有六公里長的山路，而且一路都是上坡，中間還有一道極陡峭的山坡，號稱「哭坡」，垂直高度少說也有五百公尺，顧名思義，連登山的好漢遇上它都免不了要淚涕四溢，就知道其艱苦的情況了。

但我們還沒走到那兒，就遇上一場大雨，經驗豐富的嚮導就地搭了一個小塑膠篷供我們避雨，順便坐下來休息，吃口糧補充體力，因為等雨停了之後，就要直攻哭坡了。

哭坡之所以難走，除了地形陡峭之外，那曲曲折折的羊腸小徑上，盡是坡上滑落下來的石塊碎片，就像一條堆滿石頭的水溝，路基極為不穩，加上剛下過一場大雨，土石溼滑，走二步退一步，

真是狼狽不堪。大家汗如雨下，走走停停，使盡了吃奶的力氣，終於攻上那道陡坡，接下來的路就好走多了。

下午三點時登上雪山東峰，海拔三千二百公尺，原本是個展望良好的地方，可以環視武陵四秀及中央山脈，不過因為煙雨濛濛，視線不佳，我們什麼景觀也看不到，只好悵然下來，繼續往前邁進。一路雨仍下個不停，四點多時，終於到達三六九山莊，四周都是箭竹林，裡頭空無一人，就像武俠片中的荒山野店，看起來有些孤獨。

比起七卡山莊，三六九山莊的設備更為陳舊簡陋，連個廚房或餐桌也沒有，二間廁所還孤立在五十公尺之外。晚上煮飯、吃飯都在中間的一塊空地上。連坐的椅子都沒有，大家隨意扒了幾口飯，便聚在門前的迴廊遠眺，看山谷間湧起的雲海，在諸峰之間澎湃洶湧。天色愈來愈暗，氣溫也愈來愈低，走廊柱上掛著的一只溫度計已降至三、四度，大家都在討論晚上會不會下雪。

入夜之後，寒氣襲人，大家受不了，便紛紛鑽進睡袋去睡覺。我愈睡愈冷，凍得根本無法入睡，半夜起來如廁二次，屋外朔風野大，卻還看不到雪跡。仰看漆黑的長空，巨大的山巒像鬼魅一般露出猙獰險惡的面貌，懾人心魂，令我不敢久留，即入屋繼續睡覺。

黑森林中發現源頭

隔天一大早，天還矇矇亮，就有人在屋外不斷高聲喊著：下雪了，下雪了。大家紛紛衝出門外去看個究竟。山莊前的空地及周

遭的箭竹林上都披覆著薄薄的雪花，白茫茫的一片，更遠處的山巒上的稜線或坡面上也都積著一層雪花，但極輕淡，白中透黑，看來只是一場初雪的前奏。

七點半用過早餐，嚮導要我們將防寒的衣物都穿在身上，外面再加上一件雨衣，這才從山莊左側的小徑朝甘木林山出發。甘木林山是雪山山脈的一支，海拔三千六百六十六公尺，上面有一座原始的冷杉林，面積廣袤，幾乎覆蓋了整座山頭，據說是台灣面積最大的冷杉林，枝葉茂密，連陽光都不容易穿透，因此又被登山界的人士稱之為「黑森林」。

進入「黑森林」時雪愈下愈大，像鵝絨一般大小的雪花，紛紛從林際間飛舞著落下，積雪已有十幾公分，厚厚的一層鋪在「黑森林」裡，已分不清哪兒是路徑，哪兒是斷崖，要不是有嚮導帶路，一般人進到這片白茫茫的雪地，一定會迷路，或者失足掉入谷底。

即使有嚮導帶路，那崎嶇不平的山路也是極難行走的，樹根橫生，巨石擋路。尤其經過一段叫「石瀑」的地方，整片山坡都是斗大的石塊，像瀑布一般從上面堆疊而下，步行其間，連個踩腳的間隙也沒有，完全得靠登山杖支撐才得以通過。

「黑森林」果然十分幽深，千丈懸崖之下，七家灣溪深不見底，可以想像櫻花鉤吻鮭洄游到此該是何等地艱苦。幸好嚮導的經驗十分豐富，終於在一處山窪發現了一泓潭水，不過三公尺見方，潭水的表面結了一層薄冰，卻有一道細流，從石縫中涓涓滴滴地滲出來，注入水潭。我們看後不禁一陣歡呼，歷經三天二夜的辛苦跋

雪山的「石瀑」景觀。整片山坡都是斗大的石塊，像瀑布一般從上面堆疊而下，因而得名。

《中國時報》資料照片，劉宗龍攝

涉，我們終於找到七家灣溪，也就是大甲溪的源頭了。

　　嚮導們立刻腰繫繩索，很俐落地下到谷底，在兩岸之間繫上另一條繩索，讓我們攀到谷底拍照，並觸摸那泓潭水，實地感受源頭沁涼的滋味。隨後我們拿出衛星定位系統(GPS)，測出源頭所在

大雪山的黑森林是台灣面積最大的冷杉林，
枝葉茂密，連陽光都不易穿透。

《中國時報》資料照片，劉宗龍攝

的座標為北緯24度23分43秒，東經121度13分55秒。源頭位於海拔三千三百六十公尺高的大雪山黑森林之中。

獨特的高山地形地質景觀

第四天早上沿著原路下山時，擁抱我們的竟是久違的陽光，遠山近樹原本一片白茫茫的積雪，奇蹟似地在一夜之間全部融化消失了。來時隱身在雲霧之後的高山美景，都在陽光的照耀下露臉現身了。

尤其當我們重返雪山東峰的觀景台上，眼前每一座都是赫赫有名的大山，由西而東，分別是雪山主峰、雪山北峰及品田山、池有山、桃山、喀拉業山等所謂的「武陵四秀」。再過來是中央尖山、南湖大山、奇萊山及玉山。一座座巨大的峰巒嶺嶂，峰峰相連，綿延到天邊，真是壯麗至極。

由於受到大甲溪等河流侵蝕，雪霸國家公園內的高山地形地質景觀十分獨特。境內三千公尺以上的高峰超過五十座，且因受到歐亞大陸板塊碰撞的影響，褶皺及高角度的逆斷層為最常見的地質構造。

最明顯的便是品田山，其岩層的紋理即是造山運動時地層受劇烈擠壓所留下來的珍貴紀錄。雪山圈谷地形則是冰河曾來過的痕跡。其他如豆腐岩、斷崖、鐘乳石、沖積扇等，皆顯示了此地獨特的高山地形、地質景觀，令人怵目驚心，也令人讚嘆不已。

在植物方面，從闊葉林、針闊混合林、針葉林到山頂的高山

寒原，植被的連續性變化展露無遺。只要到這兒走一趟，就可以充分地體會林相的豐富與美麗。在嚮導的解說下，我們邊走邊看，倒也吸收了不少地質和植物的新知，這當然是拜陽光普照之賜，這些都是我們在上山時無從看到，也無暇欣賞的高山美景。

水力發電的總樞紐

　　七家灣溪出了武陵農場後，即匯入大甲溪本流，流經環山、松茂、梨山、佳陽等部落之後，已成為一條山高澗深，水勢湍急浩大的溪流了。

　　德基一帶因河床開闊，極適合興建水庫。到了中游，溪谷趨窄，山嶺緊逼，水流落差大，又成了興建發電廠的絕佳地點。因此從德基以下到石岡的七十公里間，共有德基、青山、谷關、天輪、新天輪、馬鞍等六座水力發電廠，約占台灣慣常水力發電量的六成，是台灣中部地區水力發電的供電樞紐，充分運用了大甲溪充沛的水力資源，這也是大甲溪得天獨厚的地方。

　　民國八十五年，台灣電力公司為降低發電成本，提高供電品質，將大甲溪流域各電廠設備遙控自動化，合併成立大甲溪發電廠，辦公室及主控站亦設於天輪，利用遙控遙測設備，以數位傳輸技術，統管台灣中部整個大甲溪流域所屬的水力發電廠，轄下的各個電廠建廠的時間橫跨五○到八○年代，因時代背景不同，各有不同的設計考量，也各有不同的景觀特色。

　　其中的谷關發電廠位於大甲溪中游，是五○年代容量最大的

馬鞍發電廠首開風氣之先，至大壩上建了魚道，供洄游魚類通過，最具環保概念。

谷關發電廠遭「桃芝」颱風來襲，土石流沖入大甲溪床，堵住了出水口，損失慘重。

水力發電廠。地下廠房隧道入口，採用中國古代城樓造型的關隘設計，造型非常獨特。青山發電廠為美國援助計畫中最後一個工程，擁有最大的地下廠房結構，是台灣現有水力電廠中最大的慣常水力發電廠。德基發電廠壩高一百八十公尺，是雙曲線型薄拱壩，不僅是台灣地區最高的水壩，也是東北亞第二高的水壩。地下廠房深入地下二百一十公尺，換算成樓高大約是七十層樓。

馬鞍發電廠則遲至八十七年才開始運轉，由於此時環保理念大行其道，在台中縣大甲溪生態環境維護協會的要求下，首開風氣之先，在大壩上各建了一座水池式的主魚道與丹尼爾式的副魚道，以利各種洄游魚類通過，成為台灣最具環保觀念的一座電廠。

大甲溪發電廠經過這番整合與布局，當其經營的績效逐漸浮現之際，卻不敵天災的侵襲與破壞。八十八年發生在中部的九二一大地震，造成大甲溪沿岸二側邊坡土石鬆動及河床淤高。德基、青山及谷關三座電廠首當其衝，廠房及大壩均受到毀損與破壞，聯外道路中斷，台電隨即展開搶救的工作。

經搶救之後，三座電廠並無大礙，真正對它們造成毀滅性打擊的卻是九十年的桃芝颱風，它所挾帶的土石流沖入大甲溪溪床，使得出水口淤高十多公尺，堵住了出水口，廠房淹水，發電機組全毀。裡頭的通道也被阻斷無法進出，損失難以估計，直接影響台電尖峰供電之調度，且必須以火力發電來彌補，每年所增加的發電成本高達十億元，因此台電內部評估，谷關電廠機組的更新復建刻不容緩。

從毀滅到重建之路

台電總工程師杜悅元表示，復建工程的最高思維是「順應自然而不與之對抗」，因此除了受損的發電機組全部更新外，並興建了二條隧道，一為廠房通道，一為發電尾水隧道，二條的長度都將近二公里。為了長治久安，永遠避開河床淤高的影響，二條隧道的洞口都提高了六十五公尺。其中的溪底段還須穿越大甲溪的溪床，因此施工極為困難，稍一不慎，大甲溪的溪水就會大量灌入隧道內，如造成隧道崩坍，後果難以想像。

台電負責施工的萬榮施工處代處長陳一成說，復建施工過程因屬災後復建，較新建電廠更為困難，但經施工人員不眠不休地努力，距桃芝災損五年後，第一部發電機組已於去年年底併入營運。當他戴上頭盔，開著工程車帶我深入長達二公里的地底隧道去看嶄新的第一部發電機組時，我在他的臉上看到了喜悅與驕傲，它的背後是成千上百位工程人員的付出與辛勞的結果。

大甲溪發電廠廠長黃萬枝說，谷關電廠的復建工程已告一段落，另外一個災損嚴重的青山廠，也已完成復建可行性評估，目前正在做環境評估之中，一旦通過，便可施工復建。至於德基電廠因損害太過嚴重，且受中部橫貫公路封閉的影響，人員車輛必須繞道宜蘭支線或霧社供應線才能進入，進出極為不便，目前還荒廢著無法處理。

但在我的要求之下，大甲溪發電廠副廠長鄭郁邦還是帶了一

過了谷關，大甲溪只剩下一彎細流，在破碎的河床間潺潺流過。

組工程人員，全副武裝，開了一部工程車陪著我到谷關水壩上一窺究竟。谷關壩已恢復舊觀，原有的開關場正在拆卸，準備移到新完工的谷關電廠。

　　過了上谷關，道路已崎嶇不堪，再往上走，路面崩塌得更為嚴重，邊坡上還不斷滾下土石，車行其間，險象環生。我們便棄車步行。眼前的大甲溪只剩下一彎細流，在崩坍的巨石和破碎的河床之間湍急地流過，一片殘破荒蕪的景象，令人難以相信這就是從前的中部橫貫公路。目睹了這番慘狀，我才了解中橫為何要封路，而在彼端的青山和德基二座電廠的復工為何遙遙無期了。

杜悅元總工程師所說的「順應自然而不與之對抗」的思維，用在電廠與大甲溪相互依存的關係上，確實較過去「人定勝天」進步許多。大甲溪所代表的大自然的力量，誠然難以捉摸，但從環境倫理的角度來看，台電懂得順應、尊重大自然，是值得給予肯定的，至於新完成的谷關電廠能否經得起大自然的考驗，當然有待日後的證明了。

濃厚而純樸的客家風味

　　谷關以下，因為已脫離了高山區，大甲溪的河床逐漸開闊，水流也較為平緩，但河床上仍布滿了砂石，不時可見怪手正在高灘地上開挖，砂石車絡繹於途，「七二水災」使得大甲溪遍體鱗傷，

東勢大茅埔是客家人的聚落，保存了濃厚而淳樸的客家風味。

對生態環境的破壞難以數計，尤以河床淤高的問題最為嚴重，整治的工作至今仍如火如荼地在各河段進行。

一路往西南流的大甲溪，到了大茅埔時突然來個九十度的大轉彎，向北流經東勢、新社、石岡。這個轉折之處，同時也是大甲溪人文景觀改變的起點，因為上述三個鄉鎮，都是以客家人為主的聚落，充滿了濃濃的客家風味。

根據師大歷史系教授祝振華的研究，大茅埔聚落建於清朝道光年間，是客家人不斷東移拓墾的終點，也是面對泰雅族群的最前線，早年常被泰雅族人入侵攻擊，因此聚落內的建築都是具有防禦功能的伙房，四個角落還設有類似土地公廟的「將寮」，目前都還保存良好，成為客家建築最大的特色。

大茅埔只是東勢鎮的一個聚落，近年因保存了最原始的客家文化才為外人所知。其實廣義的客家文化，仍以東勢為代表。

東勢位於大甲溪中游東岸，隔著大甲溪寬闊的河床與新社及石岡遙相對望。乾隆初年，廣東籍的移民常從石岡越過大甲溪，到東勢一帶開墾，砍伐木材。因巧於工藝，他們所居住的村莊遂被稱為「匠寮」。

雖然這些匠人已聚居成村，但仍不時遭到泰雅族人的攻擊，除了興建堅固的伙房及壕溝以求自保外，他們還回大陸迎回魯班先師的令旗，供奉於製材工寮內，成為東勢第一個信仰中心。

匠人每日燒香祈禱，以祐平安，果然神威顯赫，匠民皆能化險為夷，因而香火鼎盛。先民為感戴仙師洪恩聖德，乃於乾隆四十年現

址建廟奉祀，名為巧聖仙師廟，至今已有二百三十三年的歷史了。

　　巧聖仙師廟主任委員管業鏡說，東勢早期的開發與巧聖仙師祖廟息息相關，廟前的本街，當年都是木材店，後來陸續發展出五條橫街，各種商販雲集，形成了東勢市街發展的基礎。而巧聖仙師廟不僅是台灣的開基祖廟，也是全世界唯一奉祀魯班的廟宇，連大陸的信徒都常組團到東勢來進香。

大茅埔的巷道十分狹窄，鄰里間的關係十分密切，也具有守望相助的功效。

客家聚落的四個角落都建有「將寮」，類似土地公廟，可保地方平安。

廟裡除主祀魯班先師外，也供奉泥水匠業的祖師荷葉仙師及打鐵鑄造業祖師爐公仙師，所以每年農曆五月七日舉行廟會活動時，全省各地的信徒都會前來進香參拜。信徒多是泥水、土木、板模界的人士，花車遊行時車上擺的或裝飾的，都是墨斗、磨刀或鋸子、斧頭等木工工具，十分有趣，已成了東勢地區最富地方特色的慶典。

東勢義渡會的善行

位於市區第三橫街的繁華地段，有一間簡陋的鐵皮屋，外觀雖不怎麼起眼，卻是台灣第一個慈善團體「東勢義渡會」的會所。早年東勢工商業發達，是鄰近鄉鎮貿易、文化及醫療的中心，居民往來頻繁，可是與石岡、新社之間並沒有橋樑，居民橫渡大甲溪時，都得搭乘渡船，而這些渡船往往被土豪劣紳把持，商賈小民常遭惡意勒索，婦女則屢遭調戲，投訴無門。清道光年間中元普渡時，有婦女十八人搭船到東勢看戲，因遭船夫調戲，引起婦人驚慌，渡船最後翻覆，十八位婦人悉遭溺斃，為此慘劇地方還發生械鬥。

當時負責的官員劉章職出面調停，除了嚴辦惹禍船夫，並邀集地方士紳，發動募捐，購買水田十甲餘充作「義田」，成立「義渡會」，每年以「義田」的租穀收入當作財源，打造渡船十二艘，慎選良民為船夫，免費搭載過河行人，這是東勢義渡的開始。

從早期免費船渡，到今天以微薄資金，辦理小規模的急難救助，一百七十多年來，「東勢義渡會」始終默默地在地方推動慈善

事業，不知協助過多少行旅商賈，平安渡過寬廣凶險的大甲溪。時至今日，儘管橋樑已經全面取代了渡船，但義渡會仍持續發揮助人行善的精神，點點滴滴的義行，仍在東勢三個山城之間流傳，已成了一段最溫馨感人的故事。

白冷圳的歷史價值

新社鄉位於東勢的彼岸，中間隔著大甲溪河床，剛好隔開了東勢山地與新社的河階群。地形上，它是一塊隆起的河階台地，地勢較高，氣溫也較周圍鄉鎮為低，極適合發展高經濟價值的農產品。

日治時代，為了發展台灣的製糖業，即選定這兒做為蔗苗繁

石岡水壩在九二一大地震中斷裂，成了一座活的地震博物館。

殖場，又開鑿白冷圳，自大甲溪上游引進溪水灌溉，使白冷圳成為大甲溪最上游的灌溉進水口，也是新社鄉的生命泉源。

台中水利會大南工作站站長韋炎明說，白冷圳工程最了不起的地方，在於導水路全設在高山懸崖峭壁之處。逢山開山，遇水架橋，過溪谷就設倒虹吸管鋼管，沿途翻山越嶺，全長十六公里，其間的高低落差僅二十二公尺，即使在科技日新月異的今天，恐怕都不能做得這麼精密。

七〇年代，台灣的糖業開始走下坡，種苗場也開始轉型。因當地特殊的氣候、地理型態，以及白冷圳充沛的水源，農民在政府鼓勵轉作的政策下，紛紛轉種花卉、水果及香菇等高經濟價值的農產品。二十多年來，新社鄉已從早年傳統的農村，蛻變為以休閒產業及精緻農業為主的現代化農村。

韋站長很自豪地說，新社鄉的人口不到三萬人，所生產的菇類卻占國內市場的四成。其他像葡萄、枇杷、高接梨等水果的產量也十分豐盛，成為市場的寵兒。九二一地震後，在種苗場的推動下，更全力發展花卉栽培，每年十月到十二月間，都舉辦大型的「花海」博覽會。吸引成千上萬的民眾前往遊覽觀賞，附近的交通都為之打結，最盛時曾有一天破百萬人潮的紀錄。當地的果農、花農及民宿業者，生意應接不暇，無不笑逐顏開。

愛鄉護魚做環保

新社的下游是石岡，古名「石硿仔」，因早年的村莊多建在

大甲溪畔布滿石頭的谷口而得名。

石岡最著名的水利設施便是石岡水壩，始建於民國六十三年，原本是大甲溪的攔河堰，也是供應台中縣市的主要水源區。全長七百多公尺，因氣勢雄偉，水域遼闊，風景優美，一躍成為中部著名的觀光景點，每逢星期假日，遊客如織。

但九二一地震時，石岡水壩卻遭到重創，三座溢洪道閘門全毀，迄今仍保留原狀，未加修復，即是為了做為這場地震的見證。如今反成了最熱門的觀光景點，因它所產生的靜電感應，會令遊客有觸電的感覺。

石岡水壩的工程師徐權童說，這兒的靜電感應迄今仍找不到原因，唯一合理的懷疑，便是地震斷層帶的能量，目前仍在釋放之中。

他又指著閘門下方的魚梯說，石岡水壩重建後也築有階梯式魚梯，可供魚類上下洄游。過去還沒設魚梯時，每年中秋節前後氣候開始轉涼時，大批毛蟹為了到下游產卵，都會在夜裡攀過大壩。由於數量龐大，常被路過的車子輾過，第二天壩上伏屍遍地，死狀頗為淒慘。自從建了魚梯之後，這種情況就少見了。

台中縣大甲溪生態環境維護協會總幹事黃珝琮指出，石岡水壩及馬鞍壩的魚梯，都是在該協會的要求下設立的。此外，該協會也要求縣市政府實施封溪禁漁的措施，並改善溪流沿岸休閒農園的廢水排放問題，讓河流有休養生息的機會，恢復魚類的生機。

黃總幹事特別提到漂流木的問題，大甲溪沿岸的大雪山林場

及東勢林場是台灣著名的林場，出產肖楠、扁柏、紅豆杉等珍貴的木材，在市場上極為搶手。早年伐木全盛時期常有所謂的「山老鼠」上山盜伐林木，與駐守的監工合謀圖利，將砍下來的木材推到大甲溪放流而下，偷藏在某祕密河段，再利用暗夜運到市場牟取暴利。不過隨著伐木業的式微，這種現象近年已少見了。

此外颱風天時，大甲溪也常會有漂流木，其中不乏珍貴的木材，撿拾到者常會發筆橫財，民眾也常為了搶奪漂流木而起爭端，甚至引來黑道介入。後來縣府採公告措施後，紛爭才稍止息。但近年來的漂流木因不具經濟價值，在河道四處堆積，造成河流生態環境的破壞，令人痛心。

石岡鄉圖書館前館長呂坤木，也是熱心的文史工作者，退休之後即全心投入該鄉生態保育的工作。為了尋找一種叫「水蕨仔」的水生植物，使他意外地發現紅冠水雞，在選舉期間策動縣議員，頒發首張榮譽「雞民證」給紅冠水雞，使紅冠水雞成為石岡鄉民的寵兒。此外，他也將產自食水嵙溪，原本毫不起眼的台灣蓋斑鬥魚，打著「石岡是鬥魚的故鄉」的口號，果然一舉炒紅了台灣蓋

斑鬥魚，如今石岡儼然已成為鬥魚的故鄉了。

大甲的發展及媽祖信仰

　　大甲位於大甲溪下游北岸，境內北邊還有大安溪流過，由於

大甲鎮瀾宮香火鼎盛，每年媽祖聖誕時都會舉辦盛大的繞境活動。

灌溉方便，土壤肥沃，早年農業即十分發達，後期工商業的發展也十分迅速，是中部沿海的重鎮。

此外，觀光資源亦頗為豐富，鐵砧山為中部著名的風景區，早年大甲蓆也曾享譽國際。鎮瀾宮的媽祖更是名聞遐邇，每年農曆三月二十三日媽祖聖誕時，都會舉辦盛大的「大甲媽回娘家」的繞境活動。

《大甲鎮誌》的編撰委員張慶宗老師說，清雍正八年，福建省湄州人士林永興攜眷來台，在大甲堡定居謀生。並將隨身攜帶來台的湄州媽祖供奉在自家廳堂，後因四處前來參拜的信徒日增，地方士紳便建議建廟以利各方參拜。原本只是一間小廟，幾經發展，乾隆五十二年時，便在現址擴建，取名鎮瀾宮。後香火日盛，多次整修擴建之後，成為今天的規模。

大甲鎮圖書館館長雷養德說，鎮瀾宮成功地帶動了周邊的商機，各行各業雨露均霑，更帶動了糕餅業的蓬勃發展。而當地所生產的芋頭，銷往全省各地，連著名的「九份芋圓」所用的芋頭，都來自大甲。

至於大甲蓆，則產自大甲溪畔的三角藺草，由於纖維強韌，可祛暑熱，編成草蓆後在上面睡覺十分涼爽，還有一股清香，不容易被蟲蛀壞，深受民眾喜愛，為早年家家戶戶夏日必備的消暑祕方，不只風靡全台，也行銷世界各地。

張慶宗說，五〇年代，大甲鎮上的草蓆店比比皆是，由於訂單應接不暇，男女老少都投入編織的行列，造就了大甲蓆乃至大甲

大甲蓆及大甲草帽深受民眾喜愛，不過好景不常，如今已成了夕陽工業。

鎮的黃金年代。可惜好景不常，由於人力成本高漲，終於不敵大陸及越南的低價競爭，而失去國際市場。至於國內市場，也被塑膠產品取代。雖仍有些工廠在生產，但市場愈來愈小，已經成了典型的夕陽工業，再也無法重現歷史的光榮了。

清水的人文風華

清水位於大甲溪南岸，是大甲溪最下游的一個大鎮，流經這兒，大甲溪就從高美出海了。清水豐富的人文風華，正好可為這條大河畫下一個完美的休止符。

清水舊名「牛罵頭」，語出平埔族的牛罵頭屬地。雍正末年時，漢人向平埔族購地耕種，新建的村莊即沿用舊名稱為「牛罵新庄」，逐漸形成街道，漢人的聚落因位於牛罵社的入口，所以被稱做「牛罵頭街」。又因附近有一口「埤仔口泉」，水源豐富，被地方人士視為靈脈，加上水質甘純，後來便改名為「清水」。

當地的文史工作者張哲恆表示，清水因自己擁有水源，境內也沒有大型工廠，從山上所抽取的地下水未受汙染，所以水質清澈，水源也十分豐沛，足以供應全鎮五萬人口使用。以此為名，可謂其來有自。

張哲恆特別強調，清水自古文風即盛，居民對宗教的信仰尤其虔誠，鎮內的鰲峰山（古稱牛罵頭山），是天帝教總壇所在地，紫雲巖是一座歷史悠久的觀音廟。而一手開創慈濟宗門，信眾遍及台灣及全世界的證嚴法師，也出生於此。地靈人傑，因緣殊勝，清水在這麼濃郁的宗教薰陶及人文教化之下，一如其名，誠然是人間的一塊淨土。

民國二十六年，證嚴法師出生在清水後車巷中山路的一條巷子裡，但台灣光復後，即隨父母遷居豐原。父親過世後，又遠赴台

東後山出家，所以她待在清水的時間並不長。

　　但她出生的房舍，至今仍保持原狀，而且有親人居住，每年都有許多慈濟人前往尋根瞻仰。我也在一位熱心人士的協助之下，在後車巷錯綜的巷弄裡尋訪許久，終於一償宿願，找到了法師的出生地。

　　那只是一間老舊而簡樸的民宅，外觀一點也不起眼。她出生的左側廂房裡頭十分幽暗，幾乎看不見傢俱，只停放著一部老式的腳踏車，與左鄰右舍的住家沒有二樣，證諸法師一生簡樸克己的生活，可謂一以貫之，其人格益發令人敬佩。

　　但位在五權路上的靜思堂，卻是一座宏偉而莊嚴的道場，九十六年一月才正式啟用，庭院裡的草坪和植栽都還是新栽種的。法師在全省各地蓋了無數的靜思堂，清水這座卻遲至今年才落成，可見法師無私的胸懷，並未獨厚她的家鄉。

　　清水有了這座新穎而寬敞的道場之後，開啟了更大的福田，可供鄉親一齊勤加耕耘。與前述「東勢義渡會」的善行義舉前後銜接，首尾呼應，更可見證大甲溪所孕育的一股人文關懷的歷史文化，確實是流芳百世了。

長河入海流

　　冬日的黃昏，早早就降臨中部濱海的地區，不過五點多的光景，夕陽已斜，餘暉滿天。離開清水後，我們的車子一路朝西行，過了濱海的聚落高美，大甲溪流經一百二十四公里的漫長旅程後，

終於來到了出海口。

那是一片開闊的河口，也是著名的高美溼地，有著豐富而多元的溼地生態及景觀。落日的餘暉映照著莞草、白鷺鷥，乃至溼地上的螃蟹和魚蝦，也照著台電所設的大型風力發電的機組，巨大的葉片正在寒風中緩緩地旋轉。

一幅看似突兀卻也彼此相安無事的畫面，組合成大甲溪出海前的美麗而安詳的風景。流經這兒，大甲溪便靜悄悄地注入台灣海峽了，也為它澎湃洶湧的旅程，畫下了美麗的句點。

九十七年三月完稿

大甲溪的出海口──高美溼地，具有
豐富而多元的生態景觀，吸引了許多
遊客。夕陽西下，戲水的情侶雙雙對
對，猶不忍離去。　　　黃國鋒攝

台灣的母親河

濁水溪的自然、產業及人文風景

　　河流孕育文明，一條源遠流長的河流，往往是人類文明的孕育者。它們就像大地的母親，用滔滔的河水來滋潤、餵養沿岸的土地與人民，創造出人類文明史上輝煌的一頁。

　　濁水溪是台灣的第一大河，流域面積廣達三千多平方公里，

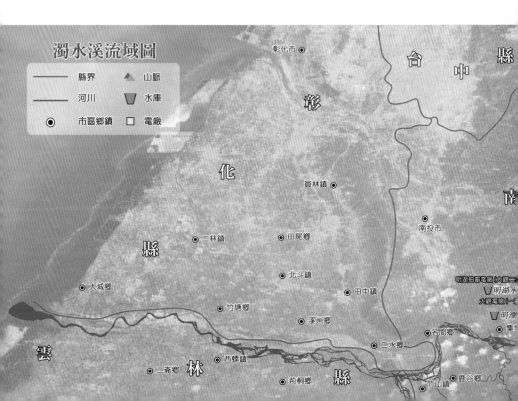

濁水溪流域圖

圖例	
—— 縣界	▲ 山脈
—— 河川	▽ 水庫
◉ 市區鄉鎮	□ 電廠

彰化市

台 中 縣

彰

化

縣

南

雲 林 縣

員林鎮

二林鎮　　田尾鄉

北斗鎮

大城鄉　　竹塘鄉　　田中鎮

南投市

溪州鄉

明湖抽蓄電廠(大觀二)

明湖水

大觀電廠(一千

名間鄉

二水鄉

明潭

集

二崙鄉　林　西螺鎮

莿桐鄉　　縣

鹿谷鄉

竹山鎮

幾乎占了台灣面積的十分之一，在台灣四百多年的開發史中，她就像一位堅強而溫柔的母親，以無比的耐心與勇氣，呵護著廣大的田園和生生不息的台灣子民，一路陪著我們的祖先從草萊未闢的年代，走過農業社會，再走向今日的工商業時代。

　　種子沒有選擇土地的權利，同樣的，子女也沒有選擇母親的權利，濁水溪這條台灣子民共同的母親，卻義無反顧地選擇了她所鍾愛的土地與子民，以她滔滔不絕的生命力，在我們生存的土地上灌溉出千里良田，讓後世子孫能在此安居樂業，代代繁衍下來。

　　四百年來，母親之河為了哺育我們，可說是耗盡了乳汁，卻仍有不肖的子孫為了貪圖私利，在她的上游無情地濫墾、濫伐，在

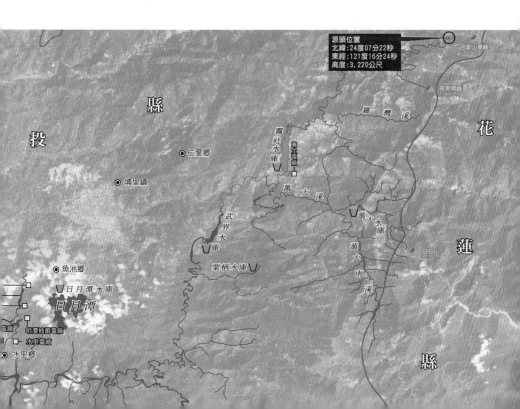

中下游肆無忌憚地濫挖砂石，使得她柔腸寸斷，遍體鱗傷。眼前我們的母親已年邁體衰，她在暗地裡哭泣，破碎的河床間到處都可聽到她的嗚咽。

人們在濁水溪的中下游大肆挖採砂石，使之柔腸寸斷，遍體鱗傷，對我們的母親河真是情何以堪。

《中國時報》資料照片，沈揮勝攝

此時此刻，更是我們應該關懷與感恩她的時刻。遙想當年，渾沌初開，天地星辰各就其位，濁水溪的源頭湧現第一波的浪濤，剎那間風起雲湧，浩浩蕩蕩的長河就此奔騰而下，揭開了台灣母親之河波瀾壯闊的一生。

金泥鰍與金鴨的戰爭

濁水溪的溪水渾濁，從源頭一直到出海口都是滾滾濁水，下游一帶的居民流傳著二則傳說。一說是源頭有兩隻金泥鰍與金鴨，金鴨為了捕捉金泥鰍，而金泥鰍為了躲避金鴨，便往水裡的泥沙深處猛鑽，就這樣把溪水弄濁了。另一說是濁水溪有一尾巨大的鱸鰻，時常在溪裡翻滾打轉，溪水因此被攪得混濁不堪。

老一輩的人也傳說，濁水溪的溪水若變清，即表示要改朝換代了，還言之鑿鑿地盛傳，民國三十四年台灣光復前夕，濁水溪曾清澈見底。民國八十九年總統大選前，濁水溪也曾變清，導致政黨輪替的結果。是否真有此事，恐怕只有傳話的人最清楚了。

不管是神話或政治預言，頂多是聊備一格，博君一粲罷了。台灣師範大學地理系教授張瑞津指出，濁水溪的溪水之所以混濁，主要還是地質現象使然。因上游集水區地質屬粘板岩，遇水較易崩落溶於水，水色深黑屬中性土質，且沿岸崩塌地多，因此河水中含有大量泥沙，長年混濁而被稱之為濁水溪。

濁水溪發源於中央山脈合歡山主峰與東峰之間的佐久間鞍部，主流全長一百八十六公里，是台灣第一大河。由於水系密集、

濁水溪中游河床逐漸淤高，河川常改道，造成流路變遷。　　　　《中國時報》資料照片，葉明憲攝

侵蝕旺盛、含沙量特別高、上游大量輸沙的結果，不但使得溪水混
濁，也助長了中、下游沙洲的形成，河床逐漸淤高，一遇洪水來
襲，常造成流路變遷及河川改道，甚至釀成巨災，史上罄竹難書。

　　這種現象尤以下游一帶最為嚴重。據當地耆老表示，日治時
代以前，由於未築堤防，濁水溪流入平原後的河道甚為分歧，由北
而南可分為東螺溪、西螺溪、虎尾溪。但受颱風豪雨的影響，河道
時常變更，後來又有新虎尾溪、舊虎尾溪、北港溪之分。

康熙年間，東螺溪是主流；雍正年間，虎尾溪變成了主流；到了嘉慶年間，又改以西螺溪為主流。民前十三年的一場大洪水，東螺溪又恢復了主流。直到日治時代，在平原地區築起堤防，將溪水全部導入西螺溪，改名為濁水溪之後，才一舉解決了河川改道的問題。

濁水溪流域的開發

在台灣四百多年的開發史中，濁水溪下游的沖積扇，原是平埔族人活動的範圍。他們聚居的部落大多鄰近河川，以漁獵為生，濁水溪流域即是當時平埔族人主要的分布地區。

中上游則大多屬布農族及泰雅族原住民的勢力範圍，同樣以捕魚狩獵為生。清康熙年間，閩粵地區的移民先由港口進入內陸沖積平原，再逐步進入山區，從事農耕、伐木或製造樟腦油等產業，成為濁水溪流域的開發先鋒。

漢人為了爭奪土地與水源，常會與原住民發生衝突，或交換利益，逼使原住民退居深山地區。最後終於退到了濁水溪最上游，現今屬南投縣信義鄉的山地，才在此結社定居下來，成了布農族最後的勢力範圍。

光緒元年，清朝總兵吳光亮奉命開八通關古道，曾經過信義鄉境，但一直到清朝末年，信義鄉仍屬雲林縣沙連堡下的一個「蕃社」。日治時期改隸台中州新高郡蕃地。

至於仁愛鄉則是泰雅族的生息之地，雖曾歸順清朝，但經常

叛變，仍被歸為「化外生蕃」。日人治台之初，為防範泰雅族人突襲，曾設隘勇線，以保護樟腦之生產。

水力發電廠的設立

濁水溪流貫台灣中部，上游流經中央山脈，三千公尺以上的高山林立，坡度陡峭，加上雨量充沛，水力資源比大甲溪更為豐富，蘊藏量位居全台之首。日本治台之初，即在此規劃日月潭水力發電計畫。

民國七年，開始興建電廠，陸續完成濁水、萬大（含霧社）、大觀（含一廠及二廠）、明潭、水里及鉅工等八座發電廠。占水力發電量的六成五，裝置容量幾占全台電力系統總量的一成，是台電最主要的尖峰電源，其重要性不言可喻。

水里溪畔的鉅工發電廠是水里的地標，氣勢雄偉。

濁水溪流域發電廠除慣常水力發電之外，還有抽蓄式水力，且其發電量還遠高於慣常水力，這是大甲溪流域發電廠所不及之處，也是它最大的特色；其中的大觀二廠及明潭電廠允為抽蓄式電廠的代表。

　　大觀一廠原名日月潭第一發電廠，是濁水溪流域電廠中最早興建的，為了將濁水溪的溪水引進日月潭，特別在濁水溪中上游的武界築水庫與水壩，利用馬蹄形的重力隧道及壓力鋼管來引水。引水隧道全長十五公里，穿越水社大山，在文武廟附近注入日月潭。

　　日月潭原為一封閉性的天然湖泊，因引入濁水溪的溪水而有了源頭活水。台電另在頭社溪與水社溪築堰圍堵，抬高日月潭的水位，經常保持滿水位，盈盈的潭水映照著翠綠的山巒，使得潭上的風光更為明媚動人，長久以來一直是台灣著名的觀光景點。

　　大觀一廠建廠期間，由於工地遼闊，交通不便，施工器材運輸極為困難，台電便在二水至車埕之間修築鐵路，以利人員及器材出入，這便是現今集集線鐵路的由來。歷經九十年的歲月，至今在地方的發展中仍扮演著重要的角色。

　　大觀二廠原名明湖抽蓄水力電廠，是台灣第一座抽蓄式水力電廠。以日月潭為上池，另在大觀一廠上游的峽谷築一水壩，形成下池水庫，利用兩池間的落差及日月潭的流量發電。

　　該廠副廠長陳俊杰說，電力系統產生的電力無法貯存，只能利用抽蓄的方式，將電能轉化成水的位能加以貯存，這就是抽蓄發電的原理，有別於慣常水力發電。簡單的說，就是利用「離峰時

間」所剩餘的電力，把下池的水抽回到上池。等到白天用電「尖峰時間」，再把上池的水放流到下池來發電，有效地將水資源反覆循環利用。

大觀二廠於七十四年竣工運轉，裝置容量為大觀一廠的十倍；年發電量為一廠的三點五倍，可看出抽蓄電廠的經濟效益，明顯超過慣常水力電廠。

從大觀二廠以下，短短的水里溪畔麇集了明湖、明潭二座水庫，以及大觀一廠、明潭抽蓄發電廠、水里及鉅工四座電廠，說水里溪是台灣水力發電廠最密集的地方，一點也不為過。而水里溪在水里西北方匯入濁水溪後，河床大為開闊，已是一條浩浩蕩蕩的大河了。

水里木材業的興起與沒落

水里舊名水裡坑，原是窮鄉僻壤之地，集集鐵路通車之後，因位居鐵路要津，一躍而為交通運輸的樞紐。由於交通順暢，商品交易頻仍，逐漸取代了集集的風光，而在民國三十九年自集集鎮分出獨立為水里鄉。

民國四十年至六十年間，是水里外銷木材的黃金時代。主要是台灣光復後採取開放的林業政策，林木的砍伐和販賣不再受限於少數特定的木材商。水裡坑位於中央山脈的入口，占地利之便，湧進了大批以林業為生的人口，從林場的小工、技術工、技術人員、貨車司機到木材行的老闆，全部因大量需求而群居於此，造就了水

里木材業長達二十年的黃金時代。

　　曾任水里鄉第七、八屆鄉長的陳春東，今年已八十七歲，他原本是彰化田中人，因謀生不易，十六歲便慕名來到水里，在三兄陳瑞香經營的木材行當小工，親身經歷了水裡坑的繁榮。

　　他回憶說，當時水里與木業相關的店家，包括木材行、傢俱行及製材工廠，有近百家之多，載運木材的大卡車有二百多輛。各種生意人川流不息，市面十分繁榮，光是旅社與酒家、茶室就有三十多家，料理店及餐廳每天門庭若市，座無虛席，熱鬧的程度不下台北，因而又有「小台北」之稱。

　　民國六十四到七十二年間，也就是在他擔任鄉長的任內，水里鄉的人口還有三萬四千多人，大觀二廠也在興建之中，工人雲集，市面尚稱繁榮。可是經過二十多年地砍伐，巒大林場幾乎已被砍伐殆盡，外銷也競爭不過菲律賓和南美洲國家。到了七十二年他卸任時，便開始沒落了。原有的一百多家木材行關的關，倒的倒，只剩下六、七家勉強撐個門面。人去樓空，原本繁華的市街也像一場春夢，一天比一天蕭條。

　　永祥企業的負責人林清泉今年七十八歲，原是台北陽明山人，四十七年結婚後看到水里的木材業欣欣向榮，便遷居到水里跟丈人合開木材行，一邊標林場造林，全盛時期員工上百人，確實賺了不少錢。可是到了八十二年時景氣反轉直下時，他還是忍痛收了。如今鋸木廠只剩下一個空殼子，斑駁破落，已閒置十五年了，他還是捨不得將它拆除變賣。

當然也有極少數的業者至今還在經營之中，成鑫木業的黃國棟就是目前僅存的二家業者之一。他入行較晚，七十二年木業已在走下坡了，他才成立公司，專做板模及裝潢用木材，供應市場基本的需要，倒也能苦撐下來。可是近年來在進口加工成品及鐵製板模的雙重打擊下，經營也日趨困難。生性樂觀的他倒是看得很開，已有隨時關門的最壞打算。

水里因木材而繁榮，當木材業沒落後，市面也跟著冷清了。近年來因大環境不佳，小街上的生意更難做，連最基本的飲食小吃業都門可羅雀，看在老鄉長陳春東的眼裡更是難過。他住家位在水里最熱鬧的街道上，原本一樓出租給一家眼鏡行，還有不錯的租金收入，但一個月前竟也因難以經營而退租了，如今只剩下空蕩蕩的玻璃櫥櫃，令他格外傷感，因為水里的繁華歲月真的已一去不回了。

車埕，林業鉅子的復興基地

車埕是集集支線的終點，也是振昌木業公司的所在地。該公司為林業鉅子孫海所創辦，不僅是水里地區規模最大的木材製造商，也是全台木業生產的重鎮，全盛時期有近千名員工，整個車埕聚落幾乎成了員工的宿舍。

孫海是雲林縣口湖鄉人，幼年失怙，家道寒微，小學未畢業即受雇於木材行，十四歲開始販賣廢棄木材，間以捕魚維生。二十歲那年集資買下嘉義市一家日人經營的木材行，專門生產鐵道枕

車埕木業展示館屋頂樑柱結構以榫接合，
是國內少見的大跨距木造建築。
《中國時報》資料照片，潘肇祥攝

木、電桿等防腐木材，生意一枝獨秀，逐漸在市場嶄露頭角。

民國四十七年，他標得丹大林區的伐木權，便投入巨資，在車埕成立振昌公司，開築丹大林道。林道完成之後，木材即源源不斷地運到車埕的製材廠，生產建築及傢俱用材，部分原木則直接出口，規模日益壯大，也帶動了地方的繁榮。

可是六十八年他過世之後，水里的木材業逐漸沒落，振昌公司也跟著走下坡。民國七十五年由於環保意識抬頭，政府的林業政策大幅改變，二千公尺以上的林區一律禁止砍伐，在缺乏原料的情況下，振昌公司被迫停工，偌大的廠房全都閒置廢棄，員工也走了大半，不到幾年已形同一片廢墟。

孫海的長子孫國雄眼看他父親一手建立的木業王國的凋零，真是感慨萬千。他也深知昔日砍伐林木的事業已不可為，為順應環保的時代趨勢，積極響應綠色能源，乃在丹大林區廣為造林，以彌補父親早年伐木所造成的生態破壞。

八十年間政府與民間大力推動社區營造，他認為是車埕恢復往日榮景的契機，乃結合社區的力量積極參與，八十九年並將部分土地廉價賣給日月潭國家風景管理處，由其規劃施工，將原有的鋸木廠、貯木水池及倉庫全部重新裝修改建，成立林業博物館、簡易DIY木具工場，開放供民眾參觀、使用。並利用原有的貯木水池營造庭園山水美景，遍植花卉林木，中有亭台樓閣，小徑通幽，裡頭的一花一草，都由他親自監工栽植。

幾年之間，原本荒廢破損的廠房和雜草叢生的宿舍區，在孫

國雄的悉心經營規劃下，已搖身一變成為一座典雅清幽的林業園區。還有一座倉庫改建的餐廳，可供遊客用餐、喝咖啡，欣賞窗外的庭園美景。每逢星期假日總會吸引許多遊客來此遊憩，一邊體會當年製材鋸木的情景，一邊可在DIY木具工場實地操作，體驗木工製作的樂趣。

談起這段重建、再生的過程，孫國雄難掩心中的興奮。在振昌公司最慘澹的那幾年，集集線鐵路也陷入營運的困境，來往的旅客寥寥無幾，在車埕上下車的幾乎都是公司的老員工，看著他們老邁佝僂的身影，他一直覺得愧對父親和這些老員工，也一直想著如何重振公司往日的榮景。

他選擇了社區營造，與集集支線及整個日月潭風景區連線，以「產業文化化」的角度切入，果然使得奄奄一息的振昌公司起死回生，充滿了生機。如今看到集集支線上的遊客蜂擁而來，而且以年輕人居多，令他特別感到欣慰，畢竟他這些年來的努力有了成果，用文化重建了振昌公司昔日的光輝，車埕也成了他復興父親志業的基地。

水里蛇窯與集集添興窯

濁水溪上游沖積下來的粘土，流到中游的水里、集集一帶沉積在兩岸，堆積成厚重的陶土礦層，由於地質結構特殊，土質純淨，是製陶的上好材料，因此自古以來製陶業即十分發達。傳承至今，「水里蛇窯」與集集的「添興窯」仍享有盛名，不但延續了傳

統的燒陶技術，並成功地轉型為休閒文化園區，在觀光旅遊界掀起了一陣復古懷舊的氣息。

蛇窯在清代隨著移民進入台灣，此種窯爐是中國南方生產陶瓷所用，在大陸地區稱為「龍窯」，傳到台灣以後卻被稱為「蛇窯」，是台灣早期陶業中最常被使用的窯爐，幾乎遍及全台各地。它的特色是依山建築，窯身頭低尾高，呈長條圓管形，看起來確實像一尾長蛇。

水里蛇窯位在崁頂村，文物館分為兩樓，一樓部分是由老蛇窯原址改建而成，可說是活標本，為蛇窯文化園區的鎮園之寶，全長一百零五台尺，依十五度沿斜坡建築，窯首的燃燒室低於地面四台尺，兩側有投薪孔，以木材為主要燃料。柴燒窯的特色是柴灰落

水里蛇窯成功地轉型為休閒文化園區，每逢星期假日，遊客如織，帶動了地方觀光的熱潮。

在坏體上時，會產生豐富的色彩變化和樸拙的質感，是現代窯無法取代的。

蛇窯的主人林國隆說，水里蛇窯是他祖父林江松在民國十六年時所創，為台灣現存最古老的柴燒窯。初名「協興製磁工場」，原本只是一家家庭式的小工場，後來聘請了大陸福州的師傅林榮生來指導，以土條盤築法製成大缸之後，由於實用美觀，產品供不應求，產品種類也不斷增加，尤以民生器皿為大宗，規模逐日擴大，成為當時水里最著名的窯場。

但富不過三代，民國七十一年他從聯合工專陶瓷科畢業，返鄉接掌父親林木會留給他的家業時，傳統的窯場已淪為夕陽工業，面臨被淘汰的命運，令他頗為焦慮，深恐先人所創的家業毀於他手

添興窯強調品味與特色，期使陶藝品走入一般家庭生活中。

中，於是苦思生存之道。

　　民國八十二年間，他開始從事地方產業的教育推廣工作，從社區營造的理念出發，重新打造了「水里蛇窯文化園區」。經過十五年的辛苦經營，終於打響了「水里蛇窯」的品牌，如今已成了水里重要的觀光景點，也是學校鄉土教學最熱門的地方，不僅使蛇窯重現生機，也為其他的傳統產業開創了新的局面。

　　「添興窯」位於集集鎮田寮里舊中潭公路，即現在著名的綠色隧道旁。為林陳梅女士在民國四十四年時所創，初期只設一座蛇窯，專門產製實用的粗陶器皿及琉璃瓦，因產品精良，業務蒸蒸日上。當時一般窯場仍以人力或獸力處理陶土，「添興窯」為改善陶土的品質，不惜鉅資購置大型練土機，品質因而大幅提升，廣受民眾喜愛。

　　六十八年時由現在的主人林清河接掌家業，開始採用電窯、瓦斯窯並增設其他現代化的機器設備，以符合現代化之需求。其後因台灣經濟環境大幅變遷，玻璃與塑膠製品氾濫，粗陶漸失競爭力，乃在七十五年時停產粗陶，轉而開發較有品味的陶藝品，積極建立窯場特色，期使陶藝品走入一般家庭生活。

　　此舉果然奏效，來「添興窯」玩陶的民眾越來越多，林清河開始設立「陶藝教室」，並將「陶藝之旅」活動納入「添興窯」的經營項目，引起遊客熱烈的迴響，每逢星期假日，綠色隧道旁的窯場總是擠滿了玩陶及賞陶的遊客。二座蛇窯相互輝映，為傳統窯場增添了一分光輝，也為濁水溪畔增添了一分人文氣息。

集集支線與綠色隧道

前文提到，民國八年（日大正八年）日人為興建日月潭水力發電廠，建築了集集線鐵路，二年後完工。初期僅是為了載運發電廠的器材，一年之後又加入一般的客貨運業務，從此展開了集集線鐵路歷史輝煌的一頁。

集集線鐵路的起點是彰化縣的二水鄉，沿著濁水溪中游的谷地，蜿蜒在南投縣西境純樸而美麗的鄉間，途經源泉、濁水、龍泉、集集、水里而達終點站車埕，共六站，長度約三十公里。

沿途盡是翠綠的水田和香蕉園，有很長的一段路還與集集著名的綠色隧道平行。二者相互依傍，火車與汽車並駕齊驅，在樟樹下出沒。右邊是濁水溪壯闊的河床，左邊是八卦山脈的尾稜，風光秀麗，鄉土情濃，確是美不勝收。不管時代如何改變，永遠不乏熱情的鐵道迷和天真浪漫的年輕男女在這兒逐夢。

綠色隧道上的樟樹種植於民國二十九年，是日人以義務勞動的方式，強迫鄉民種植的，可說是公共造產的另一種方式。因為樟樹可提煉樟腦油，是集集重要的經濟作物，集集曾因此而盛極一時，但也隨著樟腦的沒落而沉寂下來。

集集線鐵路通車後，在貨物及人員的運輸上確是功不可沒，從而促進了沿線產業的勃興和地方的繁榮，翻開這一頁歷史，才可了解它對地方發展的貢獻。

莊振燦是集集龍泉人，今年七十七歲，十九歲那年他即進入

集集綠色隧道兩側的樟樹綠色成蔭，美景天成，年輕的鐵道迷最喜歡在這兒逐夢。

「水裡坑運輸公司」當工友，如今雖貴為董事長，但公司其實已成為半休業狀態。

他回憶說，公司的業務是幫貨主代管、囤放貨物。那時公路不發達，貨物的進出都靠火車運送。早年運出去最大宗的貨品就是木材和香蕉，忙碌的時候，天還沒亮就有工人在堆木材，下午四點多時開始堆香蕉，好幾班的工人輪流做。

到半夜十二點，就會有火車來把裝得滿滿的台車拖到基隆或高雄港轉外銷。火車站三更半夜還燈火通明，生意好得接不完。其他的農產品，像稻米、水果、樟腦和蔗糖，也常委由他們運送，因此一年到頭都忙個不停。沿線的幾個鄉鎮，像集集、水里和車埕，就是拜鐵路運輸之盛而繁華一時的。

從日治到台灣光復後的五、六十年間，集集線鐵路經歷了不同的政府管理，走過了四、五十年的繁華歲月。全盛時期，火車忙進忙出，夜以繼日，車站的旅客川流不

九二一大地震時，集集火車站曾被震垮，經過重建後彷如浴火重生，常有遊客攜家帶眷，前來緬懷它的歷史風貌。

息，百業興隆，沿線的村鎮一片欣欣向榮。但隨著林業及香蕉的沒落，民國八十年以後也曾度過一段蕭條、萎縮的日子。

　　日後的九二一大地震，更給南投帶來一場浩劫，連集集線鐵路的地標——集集火車站都被震垮，滿目瘡痍，猶如一片廢墟。但在國人的努力復建之下，集集火車站已重新啟用，集集線鐵路也恢復營運通車，如今它已轉型為觀光休閒鐵道，以它獨具的復古風情，吸引無數懷舊的旅客前來緬懷它的歷史軌跡。

集集攔河堰

　　從集集以下，濁水溪像一把攤開的扇子，河床急速開展開

來。民國九十年，這片開闊的河床上，出現了一頭巨大的水泥怪獸，橫臥在河流的兩岸之間，極為醒目，那就是中部地區最重要的水利設施，集集攔河堰。

濁水溪的下游流經彰化、雲林二個農業縣，廣大的農田需要大量的溪水灌溉，但濁水溪只有上游的萬大與武界二座水庫，且二者僅供發電，無法調節水源，所以集集以下的農業用水，長年以來都靠分區輪流灌溉，無法確切掌握水源，為搶奪水源，農民常起爭端。

濁水溪下游共有十五個灌溉系統，設有十七個取水口，都是以修築攔沙壩或挖導水路的傳統方式引水。因設備簡陋，常遭洪水沖毀。雨季時無法蓄積水源，徒讓滾滾流水流入大海；旱季則河水枯竭，農民只好抽取地下水來取代，因而造成地層下陷，沿海地區常遭海水倒灌之苦。

清乾隆末年，社寮人士張天球、陳佛照等築隆恩圳，就在此鑿穿象鼻山攔水入圳，灌溉社寮數百甲田園。日治時代，即曾提出在此興建永久性供水口的構想，但因工程浩大，不敢輕易動工，懸宕經年，問題不斷惡化，卻迄無對策。直到民國八十年，台塑六輕落腳雲林離島工業區，需水孔急，二年之後政府才擇定集集橋畔興建攔河堰，推動集集共同引水計畫。

水利署中區水資源局副局長江明郎說，該計畫的目的是要一舉解決雲彰地區的民生、工業、灌溉及養殖用水，故稱為共同引水計畫。在灌溉方面，也將原本的十五個灌溉系統的給水，統一由攔

集集攔河堰是中部地區最重要的水利設施，可解決雲彰地區的用水需求。

河堰供應，因此在南北兩岸各築一條聯絡渠道，將水引至各渠圳入口，改變了過去各自引水灌溉的方式。可說是政府近年來最重大的水利建設之一。

　　站在攔河堰管理中心的陽台遠眺，上游廣達二百四十公頃的淹沒區一覽無餘，好像一座湖泊，青青水草環繞，倒映著集集大山蒼翠的影子，風景美麗如畫。可是堆積的泥沙已形成了一大片的沙洲，時有水禽低飛而過，或在上面覓食，攔河堰完工迄今不過六年，已出現淤積的現象。

　　江副局長不諱言，清淤的工作已在進行，因為濁水溪的泥沙多得超乎預期。而六年運作以來，集集攔河堰的功能也未能完全發

揮,九十一、九十二兩年的乾旱,曾造成下游缺水,迄今情況仍未改善。供水系統到不了的地區,農民仍照常抽取地下水,地層下陷的問題依然存在,河川的生態也遭到破壞。假如不是這些問題仍未解決,湖山水庫也就不必興建了。

儘管如此,但集集攔河堰已完成了共同引水的目標,統一供水的結果,也解決了雲彰二縣長期以來搶水的紛爭。濁水溪流過這兒,已被人們馴服了,寬闊的河床上只見一彎細流,悄悄地從沙洲旁流過。

永濟義渡與紫南宮

濁水溪蜿蜒西流,來到了前山第一城──竹山,它位於濁水溪及其支流清水溪會流處的台地上,早年漢人入山開墾,多經此渡水到對岸的集集或名間,因此這兒也是濁水溪主要的渡口。

清道光年間,鹿港的木材商人董文行經社寮的渡口時,眼見水流湍急,行旅商賈涉水既苦且險,乃倡議在此設「義渡」,以保護行旅渡河安全,並率先認捐六百兩銀,獲吳聯輝、陳再裕二人贊同。

但因董文遽逝,後由其子董鍾奇繼其遺志,力邀地方士紳共贊盛舉,共募得二千八百兩銀。於是購置良田十畝,以歲收雇工擺渡,修理船具,性質上已接近今日之公益事業。兩岸的渡船頭分別在今社寮的紫南宮與名間鄉的福興宮,二地都曾立碑紀念,現仍保存完好,但因遠離河道,幾歷滄桑,昔日的渡船頭至今已無跡

可覓。

社寮文教基金會文化資產組組長陳允祥表示，永濟義渡完成後，因免費渡送往來行人，原本就十分熱鬧的社寮庄愈趨繁榮，大公街商店林立，大公廟亦名聞遐邇。可是民國五十年竹山與名間之間的南雲大橋（後改為名竹大橋）通車後，南來北往不再取道社寮，整個社寮的發展幾乎隨之停頓下來，外人再也不曾聞問。

可是近二十年來，因為紫南宮的崛起，意外地帶動了社寮的繁榮，卻是前人所始料未及，其發展頗具傳奇性，陳允祥談起這段歷史也不禁嘖嘖稱奇。

紫南宮的前身即是昔日的大公廟，社寮沒落後它也跟著沉寂下來，乏人問津。鄉民一向有喝丁酒的習俗，每年元宵節後二天，添丁的家屬多會備一隻閹雞、一瓶米酒來答謝土地公；後來要結婚或娶媳婦的，也會備豬腳前往酬謝。

民國七十年的元宵節時，突然來了一輛遊覽車前來拜拜，村人正在喝丁酒，看來者是客，便邀請他們一齊享用。遊客問明了原委，深感興趣，第二年便來了十輛遊覽車，還備了一隻豬讓廟方吃平安。

以後相沿成習，每年都有外人成群結隊前來喝丁酒，村人也都盛情款待，賓主盡歡。不到十年之間，來客已增加到十萬人，廟方必須備流水席才能應付，紫南宮的盛名不脛而走。

後來廟方又提供發財金供信眾借貸，香客更是趨之若鶩。有些人並不缺錢，只是來討個喜氣；有些借貸者發了財後，以數十倍

的金額償還，在媒體的渲染及信徒口耳相傳之下，流傳了許多感人的事蹟。遊客更是每年以十數倍的速率成長，早就超過數百萬人次。連平常的日子也摩肩接踵，把狹小的土地公廟擠得水洩不通，盛況比起大甲鎮瀾宮或北港朝天宮猶有過之，已成了台灣宗教界最夯的一座廟宇。

八堡圳傳奇

過了南雲大橋後，原本蜿蜒的濁水溪一路筆直朝西，彰雲二縣沃野千里，渠道密布，都仰賴濁水溪灌溉，因此自古以來水利設施即十分發達，其中最著名、最具代表性的便是八堡圳。

八堡圳的進水口位於二水的源泉村，舊名鼻子頭。全長九十

八堡圳的進水口位於二水鄉源泉村，灌溉範圍涵蓋清代的八個堡，故名八堡圳。

六公里，支線及分線長達五百四十公里，灌溉範圍涵蓋清代的八個堡（當時行政區域名稱，相當現在的鄉鎮），故名八堡圳。

八堡圳創設於康熙年間，由施世榜籌資開鑿。他是福建泉州人，年輕時隨父親施鹿門渡海來台，在鳳山經營糖業，並對日本發展貿易。二十六歲獲鳳山拔貢生功名，後遷移台灣中部，在彰化蕃社開墾土地，想引濁水溪溪水灌溉，費時十年，動員民工數十萬人，始告竣工。

但水圳完成之後，多次開渠導水都失敗，無法將溪水引入圳道。就在眾人一籌莫展之際，突然出現一位老者，教授「導水土工法」，並指引將導水路向上延伸至名間鄉濁水村取水，果然一舉成功，時在康熙五十八年（西元一七一九年）。二年之後，埔心人士黃仕卿由同一進水口引水，開鑿了八堡圳二圳。

彰化農田水利會前管理組組長何德本說，老人所傳的「導水土工法」，是用藤紮在竹子或木片上，編成錐形的壩籠，今人稱之為「籠篙」，再以石塊填入籠內，攔導溪水入境。今日雖然技術進步，但台灣早期全省各地坤、圳、堰、堤的構築，大多仍沿用此法。

鄉人為感謝施世榜的奉獻，故取名施厝圳，或施圳，後才改為八堡圳。施世榜也備了千金，要酬謝指導的老者，為老者婉拒。請教其姓名，老者笑而不答，逕自走入林中即告消失，因而稱之為「林先生」。

後人緬懷水利先賢的盛業遺澤，飲水思源，特別在二水鄉源

籠篙以石塊填入竹籠內,台灣早
期的圳溝都用它來攔導圳水。

泉村八堡圳頭興建「林先生廟」,以紀念「林先生」,並配祠施世
榜及黃仕卿二位先生,供人膜拜瞻仰,至今仍香火不絕。

　　民國八十四年,彰化縣舉辦全國文藝季,特別在「林先生
廟」及八堡圳分水門前舉行隆重的圳頭祭,並進行「跑引水」的活
動,吸引了成千上萬的民眾圍觀,讓人們重溫八堡圳的傳奇故事。

　　彰化農田水利會用水管制中心主任黃鉑良說,「跑引水」就
是人和圳水賽跑,將水引出來的意思,是圳頭祭的重頭戲。每年

十一月第二個禮拜日，水利會和二水鄉公所都會聯合舉辦「跑水祭」，參加的民眾十分踴躍，大家齊聚八堡圳的上游，比賽時將水圳的閘門打開，大家便爭先恐後的往前跑，唯恐跑得太慢被水淹到而出糗，因此每次比賽都十分緊張、刺激而有趣。

西螺七崁的故事

溪州與西螺，是濁水溪下游二個較大的鄉鎮，都是濁水溪分流之間的浮覆地。所謂的分流，就是前述濁水溪歷年來改道的結果。溪州鄉位於東、西螺溪之間；西螺則位於西螺溪與虎尾溪之間。如今二個鄉鎮分處濁水溪南北兩岸，就像一對連體嬰，中間有西螺大橋和溪州大橋相連接。

溪州鄉是一個傳統的農村，近年來全力發展花卉及盆栽，曾舉辦全國性的花卉博覽會而名噪一時；西螺則以醬油、蔬菜而全國飄香；民國六十一年，華視所拍攝的一部連續劇「西螺七劍」，讓七崁武術重現江湖，阿善師也成為家喻戶曉的人物，西螺因而贏得了「武術的故鄉」的美稱。

溪州鄉公所人事主任洪長

西螺廣興里的公園內有各種武術塑像。

源對地方文史一向頗有研究，他說，「七崁」之名源於「張廖家族」，其先人張元子臨終時囑其子嗣，生當姓廖，死當姓張。並以七條祖訓刻在門崁上，藉此勗勉子孫，此即「七崁」名稱的由來。

清康熙年間，張廖子孫渡海來台，在西螺、二崙一帶聚居拓墾。當時治安不佳，匪徒橫行，居民常受騷擾，村民多習武以求自保。道光年間，適有少林弟子劉明善渡海來台，在西螺廣興里定居下來，憑著所習的少林武功在此開館授徒，人稱「阿善師」。

一時之間，「張廖」族人習武成風，為發揮七崁精神，加強族人團結，乃合數庄為一崁，總共七崁。每年定期集會，輪流舉辦祭祖迎神賽會，為了防禦盜拓，形成宗族聯防自保，「西螺七崁」從此成為尚武團結的象徵，而「阿善師」即是開山始祖。

洪主任說，「七崁」結成武術聯防之後，再也沒有外人敢覬覦此地，「張廖」族人也逐漸在地方上嶄露頭角，如雲林縣前縣長廖泉裕、前立委廖大林、省農會前總幹事廖萬金等人，都屬七崁子弟。「阿善師」走紅之後，族人更在廣興里重修「阿善師」的墓園，並建廟奉祀。讓人感受到濃厚的文風武德，既是歷史勝地，也是「張廖」族人的榮耀。

醬油、蔬菜全省飄香

走進西螺街道，抬眼望去，林林總總的市招中，最醒目的大概要數醬油了。光是大同、瑞春和丸莊這三大品牌，就占了其中的大半。遊客到此一遊後，總會買幾盒醬油回去分送親友，使得西螺

的醬油全省飄香。

　　螺陽文教基金會前執行長程見勝指出，西螺生產醬油始於前清時期，至今已有上百年的歷史。全盛時期有三十多家工廠，如今尚有十來家，代代相傳，已有四代的歷史，不但沒有成為夕陽工業，因堅持傳統風味，反而歷久彌新，成為廣受現代人歡迎的調味品，奠定了今日「醬油王國」的地位。

　　瑞春醬油是最知名的品牌，老板鍾朱洪表示，製造醬油的三大要素是水質、溫度和溼度。西螺因位居台灣中部，日照充足，溫度及溼度都適合菌類發酵，地下水清冽，擁有如此優良的天然環境，才能製造出風味絕佳的醬油。他對於品質的要求一向嚴格，數十年來都由他親自調配祕方，為的就是要讓消費者嚐到純正的黑豆所釀製的醬油。

西螺的延平老街古色古香，醬油的市招林立，小鎮的郵差也成了老街的招牌。

濁水溪沖積扇平原，因含有豐富的有機土壤，加上溫和的氣候，最適合蔬菜的生長。從早期飽受風吹日晒雨淋的露天生產，進步到網室生產，再到最先進的溫室生產，西螺的菜農一直走在時代的前面，才能提高產量，成為國內最大的蔬菜供應地。

西螺農會總幹事余贊宏說，西螺蔬菜早就進入專業生產的階段，全鎮五萬多人口中，有三分之一是菜農。同時也是全省最大的蔬果交易市場，每天的交易量占全國三分之一。市場中因此流傳著一句話：「西螺果菜市場一天不運作，台北人就沒青菜吃。」而每當颱風過後菜價上揚時，西螺果菜市場也是官員和媒體頻頻走訪的地點。

農會信用部主任王萬益說，蔬菜價格高漲時，農會的存款會在三個月內增加到三億；但價格低落時，一個月可能不到千萬元。數十年累積下來，存款已超過九十億，在全國農會中獨占鰲頭，可見菜農的實力。

西螺的特產當然不只這二項，日治時代，西螺米曾是日本天皇指定的御用米，每年收成的稻穀經過嚴選之後，都會運回日本，稱之為「獻納米」。以西螺米製成的肉圓、碗粿、米糕，也是風味絕佳。走一趟西螺，嚐嚐這些風味，再買些醬油回去分送親朋好友，便不虛此行了。

西螺大橋，濁水溪的象徵

橫跨在濁水溪上的西螺大橋，不僅是西螺的地標，也是整條

濁水溪的象徵。因為這兒已經接近出海口了，河床更為開闊，加上大橋雄偉的姿影矗立其間，十足顯現出台灣第一大河的磅礡氣勢。

西螺大橋始建於民國二十六年，日人先完成橋墩的工程後即爆發太平洋戰爭，原本的鋼鐵、水泥等建材全被日本軍方移往南洋構築防禦工事，建橋的工程因而停擺。直到台灣光復後，獲得美國援助才復工興建，於民國四十二年完工通車，全長一千九百三十九公尺，為當時遠東第一大橋。

挾著這個巨大的光環，西螺大橋舉行通車典禮時特別盛大，由當時的省主席陳誠親臨主持，不僅地方民眾敲鑼打鼓，熱烈慶祝，連全國民眾也都歡欣鼓舞，與有榮焉。郵局在通車週年時發行紀念郵票，台灣銀行發行的十元鈔票也採用西螺大橋的圖案，三千

西螺大橋既是西螺的地標，也是濁水溪的象徵，矗立在濁水溪上，氣勢磅礡。

寵愛集一身，當時的西螺大橋可說是國家的門面。

　　但西螺大橋最大的意義還是在交通上，不僅成為當時南北交通最主要的幹道，橋上還可供台糖小火車行駛，促進了地方的交通和產業的繁榮。火車、汽車同在橋上行駛，火車在前開道，汽車在後緊隨，那畫面就像母鴨帶小鴨一樣，十分有趣。可是隨著汽車逐漸增加，狹窄的橋面已不敷汽車使用，民國六十九年拆除小火車的鐵軌後，這種母鴨帶小鴨一樣的畫面，便永遠從橋面上消失了。

　　到了民國八十年，西螺大橋早已呈現老態了，再也無法負擔台灣經濟起飛後的交通需求。一座嶄新的公路橋樑已在它上游五百公尺處出現，那就是溪州大橋。八十二年通車後，完全取代了西螺大橋在南北交通上的地位。走過四十年的風光歲月，它終於沉寂下來，成為地區性的替代橋樑，只有當地居民的車輛和一些懷舊的觀光客，來此緬懷、憑弔往日的光采。

　　濁水溪的出海口，北岸是彰化縣大城鄉台西村，南部是雲林縣麥寮鄉許厝村，都是泥沙沖積地，也有不斷淤積而成的海埔新生地。人口稀少，景色荒涼，帶有幾許「大漠孤煙直」、「黃河入海流」的蒼茫意味。

　　廣漠的天地之間，只看到濁水溪奮力地往前奔去，混濁的溪水激起最後一道浪花之後，便注入台灣海峽起伏的波濤之中，圓滿地完成了她波瀾壯闊的一生。

九十七年四月完稿

呼喚曾文溪

原住民、水庫與溼地共生的生態水道

曾文溪流域圖

縣界　　　　風景區
河川　　　　部落
山脈　　　　市區鄉鎮

嘉

嘉　義

義　　　　縣

縣

南

烏山頭水庫

溪

田

麻豆鎮　　　　官　　　官田鄉

善化鎮　　　　　　大內鄉

台　　西港鄉

南　　安定鄉

七股鄉　　　　　　　　　玉井鄉

台　　　　　　　　　山上鄉

南　市　　　　台　　南　　縣

從特富野部落的「庫巴」(kuba)向下俯瞰，曾文溪上游與南方的伊斯基安娜溪及北方的後大埔溪各自奔流到此，正好在達邦部落的北方匯流。原本就寬闊的河床更形開闊了，河床上布滿崩塌的石塊和土方，加上對岸的「大崩山」光禿禿的山壁，展現在人們眼前的是一片乾涸而荒涼的景致，極目四望，山窮水盡，顯然這兒已很

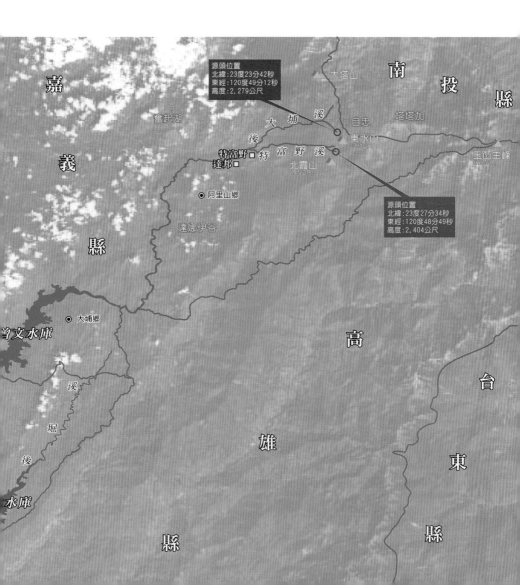

嘉

義

縣

南

投

縣

高

雄

台

東

縣

縣

源頭位置
北緯：23度23分42秒
東經：120度49分12秒
高度：2,279公尺

源頭位置
北緯：23度27分34秒
東經：120度48分49秒
高度：2,404公尺

大塔山

奮起湖

大　埔　溪

後

特富野溪

自忠

東水山

塔塔加

玉山主峰

特富野

達邦

特　富　野　溪

北霤山

阿里山鄉

達娜伊谷

大埔鄉

曾文水庫

溪

堀

後

水庫

接近曾文溪的源頭了。

　　特富野位在達邦東邊，二者相距僅十分鐘的車程，是阿里山鄉最接近阿里山山脈、也是最接近曾文溪源頭的二個部落。深山幽壑，林野遍布，地廣人稀，二個部落的人口加起來還不到七百人。但卻蘊涵了豐富的原住民文化，可說是現存的鄒族文化最具有代表性的地方。

神聖莊嚴的庫巴

　　以「庫巴」來說，它是鄒族文化的核心，也是鄒族人心目中最神聖莊嚴的場所，它由原木、黃藤及五節芒搭成，屋頂及兩側都種植了鄒族的「神花」木檞蘭。前面的廣場則種有「神樹」赤榕，是部落裡最大、最重要的建築。在過去，只有大社才能蓋，目前阿

庫巴是男子的聚會所，女人和小孩都不可進入，是部落裡最重要的建築。

《中國時報》資料照片，范揚光攝

里山鄉的七個部落中，只有達邦及特富野還保有，其中又以特富野保存得最完整。

阿里山鄉鄉長陳萬利是土生土長的鄒族人，對於鄒族文化有深刻的體會和感受。他說：「用現代的話來說，庫巴就是男子聚會所，婦女和小孩都不能進入。每一個男子在完成成人禮後，都要住進會所，接受嚴格的教育訓練，熟悉部落的傳統生活及生命禮俗，以便將來成為鄒族的勇士。將祖先的教誨一代一代地傳承下去。」

平時鄒族男子在此聚會，連絡感情；長老則在此排解糾紛，商議部落大事，而部落最重要的祭典——戰祭，也在此舉行。外人來到這兒，很難不被它所吸引，在部落安排的觀光套裝行程中，也是不可或缺的景點。

五月上旬，晌午的陽光已十分刺眼，麇集在半山腰的鐵皮屋更是耀眼，走在部落間令人感到一陣燠熱，只有走進大片的五節芒覆蓋下的「庫巴」，才感到一絲絲的沁涼，也油然生起些許的神祕感。

「庫巴」中間有一個火塘，據說過去這兒的火是終年不熄的，屋頂懸掛著一個藤製的籠子，會所裡重要的東西都放在裡頭，獵首後取回來的人頭，也放在「庫巴」裡，進到裡頭令人不寒而慄。

從「庫巴」往外望，「大崩山」巍峨地矗立在曾文溪畔，已成了達邦與特富野一帶林野的地標。陳鄉長解釋道：「大崩山是一座天然崩塌的山谷，因山石終年崩落，草木無法生長。但在鄒族古

老的傳說中，這兒原是朱家的獵場，因常有外人入侵狩獵，卻不將獵物與地主共享。朱家長老甚為不悅，便詛咒讓自己的獵區崩塌，以阻止外人繼續在此狩獵。」這種兩敗俱傷的詛咒，對鄒族人來說，未免太過激烈了，因此「大崩山」可說是他們部落的傷心地。

九二一大地震時，「大崩山」的土石大量崩落，造成曾文溪的河床淤積，水流一度受阻。近年來地質雖已漸趨穩定，但曾文水庫管理局仍不斷在此築攔沙壩，將河床挖得千瘡百孔，好好的一條曾文溪也變得柔腸寸斷，裸露的溪床上盡是磊磊的石塊和粗礪砂岩，寸草不生，了無綠意，可說是對大自然最無情的破壞。這是陳鄉長最不滿，也最無奈的地方。

戰祭、氏族家屋及生態旅遊

沿著曾文溪，從特富野來到達邦，地勢下降了約一百公尺。中間有一吊橋，跨過曾文溪河谷，伊斯基安娜溪由南來此相會。伊斯基安娜是達邦社古部落所在地，目前達邦的「庫巴」即是由此遷移到現址，可說是達邦社的發源地。

「達邦部落生態旅遊協會」理事長莊蒼菁，是第一位在達邦推動生態旅遊的業者，對達邦的歷史知之甚詳。他說：「鄒族是由天神哈莫(Hamo)所創造的，早在三千至四千年前即來到台灣。傳說在大洪水之前，鄒族人已活躍在嘉南平原一帶，經過千百年來的遷徙，族人追隨天神的腳印，最後定居在曾文溪上游的阿里山山脈，各自建立了幾個大社，目前只剩下達邦和特富野二社，仍保存了早

期部落的輪廓和完整的傳統祭儀。」

莊理事長表示，從年初的播種祭、除草祭，到七月及歲末的小米豐收季，達邦每季幾乎都有祭典，最盛大的則非二月或八月間所舉辦的戰祭莫屬。他說：「戰祭是鄒族人向保佑勇士凱旋歸來的戰神的獻禮，也祈求下次勇士再出征時，能再得到戰神的庇佑。但更重要的是在傳承文化，藉著祭儀來勉勵族人，要以鄒族人為榮，將部落裡的人凝聚在一起，來捍衛鄒族傳統的文化。」

除了「庫巴」，鄒族每一個家族都有自己的「祭屋」。它是用木頭或竹子蓋的小房子，除了舉行祭典之外，其他時間都是關著的。裡頭供奉的神靈有小米女神和土地神，過去鄒族人相信這些神靈可以保佑族人的農作和狩獵都能豐收。現在的小米祭都在各氏族所擁有的祭屋舉行，這一天，包括旅居在外的全體族人，都會回到祭屋團圓祭祖，共享豐盛的鄒族傳統美食，可說是鄒族人的新年。

鄒族在台灣原住民中算是少數的族群，四百年前還有二萬多人，後來經過瘟疫及天花等流行病的感染，死亡甚眾，目前僅剩下七千人，主要集中在南投縣信義鄉、高雄縣三民鄉、桃源鄉及嘉義縣阿里山鄉。近年來阿里山因盛產高山茶、山葵及高冷蔬菜等經濟作物，以及發展休閒觀光及生態旅遊，吸引了年輕人回到部落，使得人口有回流的跡象。

莊理事長看到了這個轉機，乃在九十三年成立「達邦部落生態旅遊協會」。因為台灣自從加入WTO之後，部落裡的人普遍都有危機感，農產品的收入不好，對原有的農會系統也不再信任，協會

便帶著會員開始轉型，全力發展部落深度生態旅遊。

伊斯基安娜自然步道生態豐富，台灣藍鵲為其中罕見的鳥類，令遊客為之驚豔。　《中國時報》資料照片，莊哲權攝

「達德安」及「伊斯基安娜」二個自然生態區，即是沿著達德安溪及伊斯基安娜溪河谷發展起來的，協會服務的項目包括：民宿、餐飲、接駁車、導覽解說、體驗活動DIY等。最特別的是由鄒族勇士帶領遊客體驗漁獲文化，實地感受鄒族的生活智慧與傳統文化，推出後頗受好評，已獲內政部營建署遴選為優先輔導對象。

山美村及達娜伊谷

談到生態旅遊，不能不提達娜伊谷的自然生態公園，阿里山鄉的山美村，也因此贏得了「鯝魚的故鄉」的美名。而它即位在達邦下游的曾文溪河谷，距離不過半小時的車程，同屬鄒族的生活圈。

達娜伊谷為鄒語，意即「忘憂谷」，是鄒族的聖地。溪谷長十八公里，海拔五百公尺，溪中巨石嶙峋，溪水清澈冷冽，兩岸風景秀麗，氣候宜人，最適合鯝魚生存。

達娜伊谷的溪谷巨石嶙峋，美景天成，最適合鯝魚生存。　　　　《中國時報》資料照片，莊哲權攝

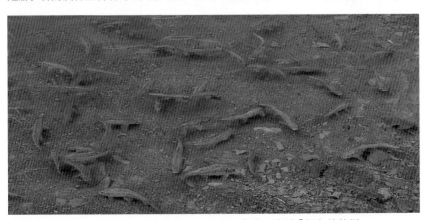

達娜伊谷仍保持原始風貌，溪水清澈，可見溪魚成群，號稱「鯝魚的故鄉」。
《中國時報》資料照片，蔡長庚攝

山美村村長莊榮說，鯝魚全名為「高身鯝魚」，鄒族人稱之為「真正的魚」，是台灣特有種魚類，在陽光照射下，銀白色的肚皮會閃閃發亮，十分討人喜歡。早年的達娜伊谷即是牠們繁殖生長的天地，數量十分龐大，清澈湍急的溪流中，不時可以發現牠們悠游自在的美麗身影。

　　可是這片美麗的山谷和魚群，卻不敵人們的口腹之慾。民國七十年代，因為市場看好，人們在阿里山鄉的曾文溪畔濫墾、濫伐，大肆闢建茶園和檳榔園，導致土石大量崩坍，達娜伊谷的生態環境遭到重創。而河裡的鯝魚也因為人們盲目的電魚和毒魚，面臨了族群消失的命運。

　　幸好在這時，由鄒族人巴斯亞（漢名高正勝）提出的護溪運動和生態環保自治公約，得到族人的支持，於民國七十八年成立「山美社區發展協會」，在全體會員的努力之下，展開了一連串自發性的護溪、護魚運動，才挽回了達娜伊谷的命運，並成功地將它打造為一座自然生態公園，引領了各地原住民部落新一波生態旅遊的風潮。

　　瘦弱老邁的巴斯亞，今年已六十五歲，卻仍掛名協會的總幹事，依然充滿鬥志地站在護溪的第一線，繼續為達娜伊谷奉獻餘生。回想起二十年前的往事，他一再強調：「讓達娜伊谷復活，是我今生唯一的美夢，而封溪封谷營造鯝魚的故鄉，是挽救山美村唯一的辦法。因為鄒族人已經失去獵場，傳統的農業也已沒落，文化正在快速地流失。將鯝魚復育成功之後，我們可以推動鯝魚生態旅

遊，結合觀光產業的發展，山美才有可能生存下去，年輕人才有就業和創業的機會。」

「山美社區發展協會」的幹事安榮進說：「我們是後進，加入協會只有五年，但很佩服巴斯亞的眼光和魄力，當年若沒有他的領導，山美村絕不可能是今天的樣子。鄒族大概早就消失了，只能到博物館或圖書館才能找到我們的資料。」

「山之美」山莊的經理溫麗英表示，儘管達娜伊谷已打開了知名度，遊客及學校從事戶外教學時常組隊前來參訪，但近二、三年來的發展也遇到了瓶頸，整體收入比起全盛時期少了三分之一。主要是同質性的遊樂區增多了，加上阿里山公路在颱風季節容易坍方，原本的優勢已不再，協會正在尋找未來的出路。

從一個人的夢，變成社區每一個成員的夢，山美村靠的就是全體會員的力量，而社區的永續經營和發展，更是他們一路攜手走過來的共識和願景。誠如巴斯亞一再強調的，只有永續經營，達娜伊谷才能歷久彌新。

曾文水庫的原鄉

曾文溪一路蜿蜒南流，中間匯入普亞女溪及托亞奇伊溪之後，即進入大埔鄉，最後在大埔拱橋下注入曾文水庫。曾文溪從水庫獲得了巨大的能量，至此，已脫離阿里山山區，轉而成為貫穿台南縣市的一條大河，並結合曾文水庫及烏山頭水庫二座水庫豐沛的水源，灌溉了嘉南平原數十萬公頃的良田，造就了台灣最重要的穀倉。

曾文水庫的上游大埔鄉風光明媚,吊橋通幽(上圖)。偶有釣客一竿在手,享受浮生
半日閒情(下圖)。

從曾文水庫的觀景台遠眺，美麗的湖光山色，盡收眼底。

三五遊客在湖畔烤
肉、喝酒，佐以湖
上美景，吃得更是
開懷。

大埔鄉鄉長陳永金說：「民國五十七年，曾文水庫開始興建時，大埔鄉有將近一萬的人口，可是六十二年興建完成後，因為集體遷村，加上人口不斷外移，目前只剩下四千多人。民有地僅占百分之二，其他全劃歸林務局及國有財產局。因為水庫集水區嚴格禁止開發，鄉民的生計大受影響，除了在自有的山坡地上種竹筍外，只能在曾文水庫的碼頭邊開餐廳，零星地做些觀光客的生意。」

　　該鄉鄉民代表會副主席陳木全也無奈地補充說：「大埔鄉有山有水，唯一的出路便是發展觀光，可是民間投資的意願不高，只有一家民宿及輔導會所屬的嘉義農場，非假日期間整個碼頭空蕩蕩的，根本做不了什麼生意。」

　　曾文水庫管理中心主任邱啟芳表示：「發展觀光確實是水庫積極推動的政策。目前水庫有一座全省唯一合法的釣魚台，可供一百五十名釣客同時在此垂釣。還開放遊艇業者提供民眾遊湖服務。水庫周遭的風景點、觀景樓，也都重新規劃，並委外經營。另有一座五星級的芙蓉大飯店也已營業，希望吸引遊客在此過夜消費。至於鄉公所預算不足的部分，水庫都會以地方回饋金的名目予以補貼。」

　　曾文水庫是台灣最大的水庫，也是南部最重要的水庫，總容量達七億立方公尺。但自完工之後，淤沙及優養化的問題逐漸嚴重，水庫管理當局最重要的工作便是清淤及改善水質。

　　水利署南區水資源局副局長施慶藏表示：「過去水庫的管理鬆散，放任外人隨處釣魚，集水區的治理也不夠落實，導致上游坍

塌，淤沙問題日益嚴重，目前已將疏浚列為首要工作，俾水庫能夠永續利用。為了解決南部缺水的問題，南水局正在積極進行『曾文水庫越域引水計畫』，完成之後當可解決南部缺水的問題。」

烏山頭水庫傳奇

曾文溪流域共有四座水庫，除大埔溪谷的曾文水庫外，還有官田溪上游的烏山頭水庫、後堀溪的南化水庫，以及菜寮溪上游的鏡面水庫。這四座水庫一直默默地為嘉南平原的公共給水、工業用水與農業灌溉用水而運作，在台灣的水利開發史上都有其重要性，其中尤以烏山頭水庫更是厥功甚偉。

要談烏山頭水庫，便不能不提設計建造它的靈魂人物台灣總督府土木課的技師八田與一。

一對年輕夫婦帶著小孩到烏山頭水庫，享受難得的天倫之樂。

八田技師是日本東京帝大土木工學部畢業的高材生，畢業後即來台灣服務。一九一二年被委派擔任台南水道工程的設計監督，七年後他親自到官田溪測量土地，完成了嘉南大圳及烏山頭水庫的設計藍圖，將廣達十五萬公頃的土地列入灌溉範圍。因為長年以來嘉南平原即為缺水所苦，沒水灌溉，作物年年歉收，農民生活苦不堪言。

八田秉於強烈的使命感，以罕見的魄力規劃了烏山頭水庫極大化的灌溉範圍，給予嘉南平原充足的水源。一九二〇年，水庫正式動工，八田每天早出晚歸，身先士卒，在工地四處奔波，經過十年的努力，終於大功告成。由於他獨具的眼光和以天下蒼生為念的胸懷，使得嘉南平原擺脫了貧瘠的宿命，變身為台灣最肥沃富饒的一片大地，為台灣農業的發展奠下了百世的基業，造福了嘉南地區農民的子子孫孫，從此能五穀豐收，安居樂業。

農民為了感念八田對他們的貢獻，堅持要為他塑立銅像，八田推辭不成，勉強答應。如今銅像依然安置在烏山頭水庫，他身上僅著一套素樸的工作服，足蹬一雙舊鞋，蹲坐在堰堤之上，凝視著他一手興建的水庫而陷入沉思，最足以窺見其人生前姿影。

可惜天妒英才，一九四二年八田與一搭乘軍艦，在赴菲律賓從事一項農業灌溉調查的旅途中，遭美軍潛艇的魚雷攻擊而不幸罹難。遺體火化後運回烏山頭水庫安葬，享年五十六歲。三年之後日本戰敗投降，八田遺孀外代樹承受了極大的精神壓力，最後選擇了烏山頭水庫竣工二十五週年的紀念日，在她丈夫一生奉獻的放水口

烏山頭水庫旁的八田與一和夫人合葬的墓園，留給後人無限的懷念。

跳水自盡，與丈夫在天上重聚。

八田夫婦一生鶼鰈情深，令世人動容。家屬也將夫人的遺體火化，部分骨灰就與八田技師合葬於烏山頭水庫。每年五月八日八田的忌日時，他們的子女都會來墓前祭拜弔念，嘉南農田水利會的工作人員也會予以接待並一齊祭拜。

嘉南農田水利會業務股股長羅銘章說：「一般水庫使用超過五十年就要報廢，但烏山頭水庫已超過九十年了，依然肩負著嘉南平原十五萬公頃農田的灌溉重任，這是了不起的成就，所以我對八田技師十分敬佩。」

羅股長表示，嘉南平原一年有二作，水庫必須精確的掌握水源，供應廣大的農田灌溉用水，一旦不足，農田就必須休耕，造成

農民的損失。此事非同小可,大家都不敢貿然改變。不過可以對得起農民的是,他任內二十多年,還不曾出現休耕的現象。他很嚴肅地說:「這也要歸功於八田當年卓越的設計。」

台南水道頭的源頭

位在烏山頭水庫南方的山上鄉,舊稱「山仔頂」,雖然無法與曾文水庫或烏山頭水庫相提並論,但在南台灣「上水道」工程的開發興建史上,仍具有劃時代的意義。

而主導此一工程的濱野彌四郎,與八田技師二人不僅同樣畢業於東京帝大,還是八田任職台灣總督府時的上司。師徒二人對台灣的水利及上水道建設的奉獻和功勞,相互輝映,亦是一段令後人感念不已的佳話。

一八九七年,台南縣市鼠疫大流行,有近百人不幸被感染而死亡,總督府特別聘請英國的衛生工程技師巴爾頓來台,由濱野彌四郎陪同進行全台衛生工程及水資源的調查。選定台南縣「山仔頂」興建南台灣第一座自來水的水源地,台灣人習稱自來水龍頭為「水道頭」,所以「山仔頂」人也以「水道」來稱呼這座曾文溪畔的淨水場。

台南市社區大學執行長吳茂成曾任地方記者多年,根據他長年採訪的經驗表示:「台南上水道工程原本要挖井,取用地下水,因不合衛生條件,才改為向曾文溪取水。採用快過濾法,所有的過濾槽都購自英國,是台灣第一座自來水快濾設施。濱野愛才,特別

請八田參與建場工作，因受到一次世界大戰的影響，延宕了十年才竣工。台南府城的第一滴自來水，就是從這兒流出去的。」

山上鄉水源地前庭，原有一座濱野彌四郎的銅像，是八田技師為感念上司的提攜與栽培而建造的。但在太平洋戰爭末期，因物資缺乏，日本政府發布金屬回收命令，濱野的銅像也難逃被強制徵收的命運，不知流落何處。直到近幾年，奇美企業董事長許文龍知道此事後，有感於濱野對台南地區民眾飲用水的貢獻，特別請人重塑了一座銅像，重新建置於淨水場的前庭，供民眾緬懷瞻仰。

一九七九年新的淨水設備啟用後，這座具有歷史意義的淨水場才功成身退，二〇〇二年台南縣政府將它指定為縣定古蹟，西拉雅國家風景區管理處成立之後，又將它升格為國定古蹟，顯示它的重要性已與日俱增。目前水源地現址大門深鎖，裡頭古木參天，雜草蔓蔓，古老的紅磚建築掩映在濃密的樹叢中，顯得尤其斑駁古老。

但走到裡頭，原有老舊的機器和設備都還保存良好，只不過積了厚厚的一層灰塵。拱形窗、廊道、寬敞的機房，隔著一道道厚重的木門，讓人猶如走入時光隧道，見證了台灣上水道近百年的發展歷史，飲水思源，特別令人感到親切。

王爺信仰的重鎮

曾文溪流經楠西、玉井、左鎮、再到山上，基本上是一片淺山丘陵地，地勢平緩起伏，溪畔綠竹成蔭，三五村落散在廣大的丘

陵間，風景秀麗。但過了山上鄉之後，便進入平原區了。

　　綠野平疇，一望無際，是嘉南平原獨特的景觀。麻豆、西港一帶，不僅是嘉南平原最精華的農業地帶，更是王爺信仰的重鎮。每年王爺聖誕，代天巡狩繞境之際，陣頭雲集，鑼鼓喧天，成千上萬的信徒千里跋涉，迎接神駕，在在顯示王爺信仰的深入人心。麻豆的代天府，西港的慶安宮，均為王爺信仰的重要廟宇，火燒王船的祭典儀式，更是地方文化的特色，鄰近的鄉鎮也會掀起一陣參拜的熱潮。

　　麻豆代天府俗稱五王廟，主祀瘟神系統的李、池、吳、朱、范五府千歲。西港慶安宮則主祀天上聖母，經歷代演變而發展成十二瘟王，亦即千歲爺公。

西港的慶安宮是當地居民的信仰中心，主祀十二瘟王。

對王爺信仰研究十餘年的台南縣河南國小校長黃文博說：「台灣燒王船的習俗以曾文溪和東港溪最為蓬勃，曾文溪流域的村莊幾為王船的信仰圈。不但歷史悠久，型態也最複雜。蘊涵其中的民俗文化與民間藝術，都藉由『王船祭』顯現出來。它原本是華南一帶驅疫消災的宗教法事，並以遠古的泛靈信仰為基礎，逐漸演變為多彩多姿的多神化宗教。」

隨著教育的普及和環境衛生的改善，台灣瘟疫流行的情形已少之又少，但在南台灣瘟神信仰卻愈來愈蓬勃，參與送瘟的信徒也愈來愈多。於是由「瘟神」變為「瘟王」，再變為「瘟王爺」，最後搖身一變而為今天代天巡狩的「溫府千歲爺」，神威顯赫，備受信徒膜拜，已成為保境安民的萬能正神。

麻豆代天府管理委員會主任委員李天賜表示：「每年農曆三月的第四個禮拜，是五府千歲代天巡狩的日期，全省各地的陣頭與信眾都會趕來『刈香』，裡裡外外萬頭攢動，行人車輛根本無法通行，是麻豆一年一度的大事。但年年如此，大家疲於奔命，後來改為三年一科，一科三天，好讓廟方及信眾休養生息。」

西港慶安宮的廟公郭金說：「本宮的香科醮典日期，一向以農曆四月中旬為準則，自從代天巡狩十二瘟王蒞宮鎮守，便改以十二地支為值年順序。同樣是三年一科。由於一科比一科盛大，目前已開始在忙碌明年四月己丑年的科儀了。」

郭廟公說得沒錯，慶安宮廟埕右側，已搭好一個大帳篷，匠師們正在裡頭合力建造王船，已完成了十之八九，五顏六色的船

身，高高的桅檣，安靜地停泊在吵雜的人群中，正在等待迎接明年四月送瘟的啟航。

七股鹽場及台鹽博物館

曾文溪的下游接近出海口的地區，是一片平直、單調的沙質海岸，由於這裡的日照特別長，加上泥沙在河口的堆積，便孕育出了鹽田以及潟湖的特殊景觀，成了曾文溪出海口的一大特色。

七股海邊由於鹽漬濃重，不利作物生長，早年地瘠民貧，又有「鹽分地帶」之稱。直到居民學會修築坵埏，引海水為滷，曝晒製鹽後，他們才有謀生的憑藉。一九三五年，日人開始在這兒開闢集中式工業鹽田，七股鹽場才成為台灣製鹽史上一個新的開端。

七股鹽場早期的運鹽火車，如今陳列在外，供遊客緬懷昔日鹽場歲月。

鹽田上阡陌縱橫，粼粼的水波映著鹽垛的倒影，小火車載著鹽包出入其間，是七股鹽場早年尋常可見的風景。也是當地居民共同的記憶。可惜隨著時代的變遷，七股鹽場已在一九八三年走入了歷史。

古老的鹽村已經老邁傾頹了，鹽田動人的景致也快消失了，老一輩的台鹽人不忍台灣三百年的製鹽史就此被人遺忘，因此籌組了「鹽光文教基金會」，蓋了一座台鹽博物館，完整地呈現了台鹽三百年的發展史，一方面讓老一輩的人能緬懷過去，另一方面也希望能讓年輕人了解這段珍貴的歷史。

「鹽光文教基金會」執行長林亞孫表示，博物館後方是尚有人居住的鹽工宿舍，西方是荒廢的機械鹽田，與著名的遊樂區七股鹽山遙遙相對，構成了整個鹽業文化園區主體。但園區的若干設施

台鹽博物館一身雪白晶亮，好似鹽的結晶體，引人注目。

及博物館的營運卻不如預期，比如鹽田尚未開發完成，民眾無法體會晒鹽的過程。而基金會退出博物館的經營，改由民間得標廠商接手後，只開放民眾參觀及商品販售，原先規劃的研究及典藏業務完全擱置，使得博物館的功能無法充分發揮，令他深引為憾。

誠如林執行長所言，博物館開放以來，參觀的人潮並不踴躍，而對面的鹽山反倒遊客如織，每逢星期假日遊覽車不絕於途，台鹽博物館的未來不免令人擔心。

七股潟湖與溼地

七股潟湖位於七股鄉龍山村，是台灣最大的潟湖，也是台江內海最後的遺蹟。當地漁民稱之為「內海仔」。由於台南沿海沒有工業汙染，使得七股潟湖成為台灣海水魚類繁殖的重鎮。當地流傳著一句話：「魚甜、蠔鮮、蟳仔爬得滿厝邊。」最足以反映潟湖豐富的漁業資源。漁民在潟湖中插蚵仔、施放定置網、養殖文蛤等傳統漁事作業，自古以來即能維持穩定而豐厚的收入。

當地頗富盛名、綽號「外國安」的餐廳業者陳俊雄，是龍山村的在地人，擁有四十多甲的魚塭，一半養文蛤，另一半養虱目魚。從魚塭的養殖業者，到開餐廳賣虱目魚，「外國安」成功地開拓了自己的事業版圖，但也目睹了近十年來漁業的沒落。他說：「龍山村原有三百艘漁船，每艘一年的收入少說也有上百萬元。但目前剩不到一百艘，有時出海一個禮拜，卻什麼也撈不到，除了氣候變遷的原因，漁民習慣用網罟，魚隻不論大小尾，都一網打盡，

加上電魚、毒魚，導致魚群銳減，漁民幾乎已沒魚可撈，生計當然大受影響。」

七股潟湖周遭，還有大片的溼地，它是介於水域及陸塊交會的土地，具有調節氣候、穩定海岸、淨化水質及景觀遊憩等功能。而且魚、蝦、貝與底棲生物豐富，吸引了許多水鳥、候鳥在此繁殖、棲息或過境。其中最珍貴的便是黑面琵鷺。

生態攝影家邱勤庭說：「每年九月起，黑面琵鷺就會陸續飛抵曾文溪口，近年來由於媒體對其珍稀性的報導，前來欣賞的遊客大增，原本以打魚為生的漁民，開始做起搭塑膠筏遊湖賞鳥的生意，但因棲地受到人為因素的干擾與破壞的情況日趨嚴重，黑面琵鷺的族群數目已大幅減少，促成晚近保育觀念的盛行，包括保護區的規劃，生態資源的調查等，已逐漸引起國人的重視，可說是環境保育的活教材。」

七股溼地的漁民收網後踏上歸途。

最後的背影

　　從阿里山山脈的水山一路迤邐而
下，曾文溪跨越了阿里山鄉的鄒族生活
圈，清澈的溪流潺潺流過美麗的達娜伊
谷，造就了「鯝魚的故鄉」。匯入曾文水
庫及烏山頭水庫後，它已形成一條浩浩蕩
蕩的大河，灌溉了嘉南平原數十萬公頃的
良田，餵養了上百萬的農民，沿岸的農村
也發展出獨特的王爺及王船的信仰，豐富
了傳統的農村文化。更在下游河口蘊育了
全台最大的潟湖和溼地，使得台灣西南海
岸的生態及景觀出現多彩多姿的樣貌，最
後選擇在台南市安南區的土城注入台灣海
峽，完成了它波瀾壯闊的旅程。

　　目送它奔流入海的背影，彷彿是巨
龍在大地的最後一次躍動，仍讓人感受到
它那雄渾而充沛的生命力，震撼著千百年
來的人心。只要我們用心聆聽，凝神注
視，那麼它就會永遠活在我們的心中。

九十七年五月完稿

七股潟湖是台灣最大的潟湖,也是海水魚類繁殖和水產養殖的重鎮。夕陽西下,波光
瀲灩,橫無際涯。

世紀文庫

【文學012】

客路相逢

黃光男　著

里爾克(Rainer Maria Rilke)：「旅行只有一種，即是走入你自己的內在之旅。」本書作者具有畫家和作家兩種身分，他以畫家的心靈寫出他的旅遊見聞和感懷，因此，書裡所呈現的彷彿是一幅幅以沾著詩意的文字所繪成的畫作；是視覺和心靈的遊記。你渴望不一樣的旅行嗎？翻開本書，開始踏上旅程吧。

【文學013】

文字結巢

陳義芝　著

很少有人同時是作家、大報副刊主編，又是大學教授，具備最開闊的文學視野。很少有人能將文學源流、創作方法，娓娓清晰地表達，展露一個老文學青年最深情的眼光。很少有人願意用淺顯的文字、自己親歷的指標性情境，指引年輕一代如何閱讀文學。《文字結巢》是這樣一本具有視野與深情的書！

【文學014】

京都一年 (修訂二版)

林文月　著

「三十年歷久彌新，京都書寫的經典。」本書收錄了作者1970年遊學日本京都十月間所創作的散文作品，自出版即成為國人深入認識京都不可錯過的選擇，迄今仍傳誦不歇。今新版經作者親自校訂，並增加多幅新照。書中各篇雖早已寫就，於今讀來，那些異國情調所帶來的感動，愈見深沉。

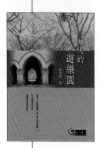

【文學017】

無人的遊樂園

黃雅歆　著

本書所收錄的篇章，雖然大部分與旅地／旅途相關，但並非一本以旅行為主題的書。其中許多和記憶／地域／人事瞬間錯身，所引發的種種火花，在心中留下無可取代的印記，正是歡樂與沉默交錯的、無人的遊樂園。

【生活001】

老饕漫筆

趙　珩　著

本書作者自謂是饞人，故自稱為「老饕」。因其特殊的生活環境，所見所聞較同時代的人稍多。他於閒暇中，追憶過往五十年歲月中和飲食有關的點滴，或人物，或時地，或掌故，信手拈來，所傳遞的，不僅是一道道佳餚的美好滋味，更多的是對漸漸消逝的文化之戀戀情懷。

【生活002】

記憶中的收藏

趙　珩　著

五十年，是人的大半生，卻是歷史的匆匆一瞬。而近五十年來，中國社會經歷巨變，許多傳統事物和文化，都逐漸從人們的記憶中飄逝。作者採擷過往人生經歷和見聞，以感性的筆觸，娓娓道出收藏於記憶中的人情、事物、風俗。雖說是個人雜憶，卻觸及諸多社會文化現象，再現了五十年間急遽消逝的生活場景。

【生活003】

不丹 樂國樂國

梁丹丰 文・圖

本書作者一直盼望能到不丹旅行。在畫旅八十餘國後，她終於踏上這片嚮往已久的樂土。對於不丹人物風情、山川景致，作者以其一貫的細膩筆調做了詳實敏銳的觀察與深刻感性的描述。同時，更以彩筆勾勒出一幅幅動人的人間樂土，與讀者分享她在不丹的旅程中盈滿的藝術情感和內心悸動！

國家圖書館出版品預行編目資料

溫室中的島嶼／古蒙仁著.－－初版一刷.－－臺北
市：三民，2008
　　　面；　　公分.－－(世紀文庫:生活005)

ISBN 978-957-14-5135-0　(平裝)

1.生態危機 2.環境汙染 3.文集 4.臺灣

445.907　　　　　　　　　　　　　　97023613

© 　溫室中的島嶼

著 作 人	古蒙仁
總 策 劃	林黛嫚
責任編輯	蔡忠穎
美術設計	蔡季吟

發 行 人	劉振強
著作財產權人	三民書局股份有限公司
發 行 所	三民書局股份有限公司
	地址　臺北市復興北路386號
	電話　(02)25006600
	郵撥帳號　0009998-5
門 市 部	(復北店) 臺北市復興北路386號
	(重南店) 臺北市重慶南路一段61號

出版日期	初版一刷　2008年12月
編　　號	S 857180

行政院新聞局登記證局版臺業字第〇二〇〇號

有著作權‧不准侵害

ISBN　978-957-14-5135-0　(平裝)

http://www.sanmin.com.tw　三民網路書店